Strive juvenile

▶▶▶ 励志少年

平中国丛书

少年强则中国强

彩图版

励志少年

策划⊙孟凡丽

主编⊙袁 毅

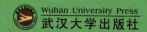

Wuhan University Press
武汉大学出版社

图书在版编目(CIP)数据

励志少年/袁毅主编. —武汉:武汉大学出版社,2013.1(2023.6 重印)

(少年中国丛书:彩图版)

ISBN 978-7-307-10442-6

Ⅰ.励… Ⅱ.袁… Ⅲ.成功心理－少年读物 Ⅳ.B848.4－49

中国版本图书馆 CIP 数据核字(2013)第 022504 号

责任编辑:代君明　　　　责任校对:杨智敏　　　　版式设计:王　珂

出版发行:**武汉大学出版社**　　(430072　武昌　珞珈山)

　　　　(电子邮箱:cbs22@ whu. edu. cn 网址:www. wdp. com. cn)

印刷:三河市燕春印务有限公司

开本:710×1000　1/16　　印张:10　　　字数:68 千字

版次:2013 年 1 月第 1 版　　2023 年 6 月第 3 次印刷

ISBN 978-7-307-10442-6　　定价:48.00 元

故今日之责任，不在他人，而全在我少年。少年智则国智，少年富则国富，少年强则国强，少年独立则国独立，少年自由则国自由，少年进步则国进步，少年胜于欧洲，则国胜于欧洲，少年雄于地球，则国雄于地球……

——摘自梁启超《少年中国说》

一百多年前，中国身陷半殖民地半封建社会的境地，外有列强步步逼入，内有政府腐败无能，梁启超奋笔疾书《少年中国说》，以此激励世人扛起振兴中华的责任。

一百多年后，今天的中国国力渐强，但仍面临着各种各样的机遇和挑战。今日国之希望，未来国之栋梁，唯我少年！

但是要想担负起这个希望，要想成为这个栋梁，不是把《少年中国说》倒背如流就可以做到的。现在国与国的竞争，人与人的竞争越来越多元化、复杂化，在把语数英这些基础学科的知识掌握好之外，我们还需要培养自己的多元素质体系，这样才能使自己在与他人的竞争中立于不败之地，这样的少年担负起的中国才能在与他国的竞争中立于不败之地！

《少年中国丛书》选取了一个好少年最应该具备的基本素质：爱国、梦想、美德、感恩、创新、礼仪、励志和智慧。在一个个感化心灵的故事中潜移默化，在一个个精彩的主题活动中把这些素质落实到行动。

在这套书的陪伴引领下，让我们一起做一个好少年，做一个扛得起国之希望的好少年！

编委会

少年强，则中国强

第三章　我身后有一只狼

第四章　奋斗是件具体的事

Strive juvenile

第一章/只剩一只眼可以眨

如果没有破茧成蝶的勇气，就不会有飞上蓝天的美丽；如果没有冲出土地的拼搏精神，就不可能有长成大树的明天。一个人在没有拼搏的日子中生活，会平淡无趣，会轻易被困难打倒。而如果你没有勇气，没有拼搏，你的整个人生都将是平庸无奇而没有光彩的。

命运就攥在你自己手里 ▶▶▶

一棵树，能否成为栋梁之材，不是木匠来决定，而是由树自己说了算。

读初二的时候，我的成绩很差，尽管我已经用了心，可英语考试成绩总是个位数，数学总是不及格。在盛行统考的年代里，我这样拖累全班成绩的"差生"是各科老师的"眼中钉"、"肉中刺"，巴不得我能退学回家。要不是怕见母亲辛苦劳作的样子和父亲期待的目光，我早就顺从老师的心愿——退学了。

又是一个快要统考的日子，英语老师把我和其他几位"差生"单独留下来开会，让我们考试时"消失"，最好以后也不要来上学了，直言我们不是读书的料，不如早点回去学个手艺挣钱，他甚至还讪笑着劝我继承父亲的木匠手艺，我当时真是气极了。受了老师定性的话语的打击，我毫不生气地背着书包往回走，脑子里回想着如何回家跟父亲说。没想到在路上遇着了出来

替东家买钉子的父亲。他见我的样子不对劲，就追问为什么。因为赶时间，父亲把我抱到他的自行车后座上，边走边跟我说话。

　　憨实的我不会撒谎，也不敢撒谎，就一边流泪，一边诉说了事情的经过。听完我的话，余下的一段路上父亲默默无语。我知道，我又让父亲伤心了。到了东家那，父亲抱下我，问："你还愿意上学吗？"面对父亲的目光，我知道父亲的心思，点了点头。父亲拍了一下我的肩膀："好，有种！我支持你上学。你要记住，是不是块读书的料，不是老师说的，而要看你自己的。来，你看——"他把我领进他的工场，指着一根杉木说："它既粗又直，就该放到屋上做栋梁。"又指着一根榆木说："它既细又曲，除了根部可做个桌腿外，其余的部分只能劈柴烧。杉木、榆木的功用不是我们木匠定的，而是它们自身长成的，俺想把它们倒过来都不成。你就像一棵小树苗，能否长成栋梁不在别人怎么说，而在你怎么干，命运就攥在你自己的手里！"

　　命运就攥在你自己的手里！这句朴实的话让我回到了课堂，我开始没日没夜地拼命追赶。尽管初中毕业时我仍没有冒尖，但

"差生"的帽子被摘掉了；进入高中，我时时铭记着父亲的话，开始跃居班级的前列、年级的前列，最终考进了大学，成为全村第一位大学生，轰动了全村。

　　临上大学前，父亲背着行李送我，很不过意地说："孩子，家里穷，实在没有好东西给你。"我说："不，您已经送了，您那句'命运就攥在你自己的手里'使我受用终生，这就是给我最好的馈赠。"

励志传承

　　在任何人的成长道路上，都有被否定的时候，不是每个人都是在赞扬声中成长起来的。事实上，别人的否定或是肯定并不是主要的，重要的是你自己想要成为怎样的人。

　　这就像是故事中父亲讲给儿子树木成材的道理一样：命运就攥在你自己的手里。能够把握未来的只有我们自己。此时的快乐或是不快乐都不能代表未来的幸福和成功与否，如果你想让自己成材，就把握好自己的现在。

后退亦是前进 ▶▶▶

在最辉煌的时候退步，就是适应人生走势的理智，就是让自己蓄势待发的聪明选择。

平直坚固的跳台上，女孩子眼神坚毅地望向前方，深呼吸，慢慢舒展双臂，脚尖猛然用力，身体腾空跃起，屈体向前翻腾一周半转体三周……女孩子动作连贯、姿势优美，如一尾欢快淋漓的小鱼儿，随着微泛的浪花潜入水底……

女孩子的队友就站在离她不远的地方，默默地注视着她。她的动作越是完美，她们的心里便越是波涛翻滚，不是嫉妒，而是深深的惋惜。多年的朝夕相处、荣辱与共，在那些汗水纷飞的日子里，女孩子早已成为她们的"主心骨"，年轻的她还有足够的实力与能力让自己的跳水生涯再舞出许多优美的画面，可是，她却要离开。她们极力挽留也无法改变她的态度。她们真的替她难过，那么年轻就自己封住了前进的路。

　　从训练池里游上来，女孩子习惯性地抹去脸上的水珠儿，再向后捋捋湿漉漉的头发，然后，便久久地站立在那里，无比专注地凝视着陪伴了她多年的那汪池水。 终于，温暖而清澈的泪水奔涌而出。

　　她何尝舍得这里啊？从2岁第一次孤身跳下水，到9岁由体操改练跳水，她是那样喜爱这项运动。即使当她因摔伤而休克被抢救回来的时候，她的第一句话居然是："我还能跳水吗？"曾经赌上生命的舞台，现在却要以另外一种方式默默坚守，她的心又怎会不疼痛？何况，跳水曾带给她那么多的荣誉与欢呼。

　　但是，"往前一步是黄昏，退后一步是人生"，这是谁唱的？生活的状态并不只是一直奋勇向前，停顿、退让同样也是一种追求。

在熟悉的训练馆做最后一次跳水，算是对过去的一种告别。她离开了。

离开后的她，应聘到一家咖啡馆做起了服务员，另外还兼职了一份帮人抄抄算算和打字的工作。对于她的选择，没有人能够理解，甚至，很多人向她投来鄙夷、怀疑的目光。是不是出现了什么不好的状况？或者感觉到了自己的力不从心？要不就是和教练、队友出现了难以弥合的争执？否则，那么耀眼的光环不争抢着去拥抱，偏偏去做那些低薪而又辛苦的工作？但是，当她走进中国人民大学新闻学院的时候，她自己知道，另一种成长正在慢慢开始。

成长是需要代价的。她废寝忘食、刻苦钻研，像当年练习跳水一样坚持不懈、百折不挠地"啃食"着那些"天书"。经过几年的努力与沉淀，2006年，女孩子顺利地大学毕业了。同时，通过参加歌唱比赛，她成功地与唱片公司签约，并且，在最短时间内推出了第一首单曲《伤雪》。

从冠军到大学生再到歌手，小小的身影经历了几次转身，炫目而华丽！这个女孩子就是在2000年悉尼奥运会上，获得女子10米跳台比赛双人冠军之一的桑雪。从1998年到2001年，桑雪就在跳台上与队友合作，完成了世界杯、世锦赛和奥运会的金牌"大满贯"。

对于自己在事业如日中天的时候选择退役，如今说起来，桑雪依旧没有丝毫的后悔。因为，在她无数次跳台跳水的过程中，她早就领悟到了这样一个道理：双脚要先向下用力，才会产生跃起的弹力，向下的力度越大，"鱼跃跳台腾空的瞬间"就越"锋芒盖眼"。而人生亦是如此，理性地、暂时地"退步"则是另外一种意义上的前进，因为，蓄势待发，才会有更为强大的力量！

励志传承

桑雪在自己跳水事业走到顶峰的时候，选择了急流勇退，这种别人无法理解的选择，是她对自己人生的一种理智把握。人生的规律告诉我们，任何一个顶峰之后都是一个低谷，能够在自己最辉煌的时候退后一步，去学习，去找寻新的空间，这便是对自己的人生负责的态度。

孩子，你必须有一样要出色 ▶▶▶

即使是一个智障的孩子，也必须有一样做得出色。

德国一家电视台提出高薪，征集"十秒钟惊险镜头"活动。许多新闻工作者为此趋之若鹜，征集活动一时成为人们关注的焦点。

在诸多参赛作品中，一个名叫"卧倒"的镜头以绝对的优势夺得了冠军。

拍摄这10秒钟镜头的作者是一位名不见经传、刚刚踏入工作岗位的年轻人，对于这个作品，每个人都渴望一睹为快。几个星期以后，获奖作品在电视的强档栏目中播出。

那天晚上，大部分人都坐在电视前边观看了这组镜头，最初是等待、好奇或者议论纷纷，10秒钟后，每一双眼睛里都是泪水。可以毫不夸张地说，德国在那10秒钟后足足肃静了10分钟。

镜头是这样的：在一个火车站，一个扳道工正走向自己的岗

位，去为一列徐徐而来的火车扳动道岔。这时在铁轨的另一头，还有一列火车从相反的方向进车站。假如他不及时扳道岔，两列火车必定相撞。

这时，他无意中回过头一看，发现自己的儿子正在铁轨那一端玩耍，而那列开始进站的火车就行驶在这条铁轨上。是抢救儿子，还是扳道岔避免一场灾难？他可以选择的时间太少了。那一刻，他威严地朝儿子大喊了一声"卧倒！"同时，冲过去扳动了道岔。

一眨眼的工夫，这列火车进入了预定的轨道。那一边，火车也呼啸而过。

车上的旅客丝毫不知道，他们的生命曾经千钧一发；他们也丝毫不知道，一个小生命卧倒在铁轨边上。火车轰鸣着驶过，孩子丝毫未伤。那一幕刚好被一个从此经过的记者摄入镜头中。

人们猜测，那个扳道工一定是一位非常优秀的人。后来，人们才渐渐知道，那个扳道工只是一个普普通通的人。他唯一的优点就是忠于职守，从来没误工过一秒钟。

而更让人意想不到的是，他的儿子并不是一个多么聪明的孩子，而是一个弱智儿童。

他告诉记者，他曾一遍一遍地告诉儿子说："你长大后能干的工作太少了，你必须有一样是出色的。"

儿子听不懂父亲的话，依然傻乎乎的，但在生命攸关的那一秒钟，他却飞快地"卧倒"了，这就是他在跟父亲玩打仗游戏时，唯一听懂，并做得最出色的动作。

励志传承

这是一个多么惊心动魄的时刻，乐观的爸爸并没有因此而乱了手脚。反应如此迅速的孩子谁也不会想到他是一个智障儿童。但是他也有自己的优势，因为他会卧倒，而且比任何人都熟练。生活中就是这样，谁也不可能什么都会，但是你也不可能什么都不会。你可以不会读书，你可以不会写字，但必须有一样要出色，这样你才可以立足。

胡萝卜、鸡蛋、咖啡豆 ▶▶▶

在困难和挫折面前，你是胡萝卜、鸡蛋，还是咖啡豆？

你是胡萝卜，是鸡蛋，还是咖啡豆？一个女儿对父亲抱怨她的生活，抱怨事事都那么艰难。她不知该如何应付生活，想要自暴自弃了。她已厌倦抗争和奋斗，好像一个问题刚解决，新的问题就又出现了。

她的父亲是一位厨师，他把她带进厨房。他先往三只锅里倒入一些水，然后把它们放在旺火上烧。不久锅里的水烧开了。他往一只锅里放些胡萝卜，第二只锅里放入鸡蛋，最后一只锅里放入碾成粉末状的咖啡豆。他将它们分别浸入开水中煮，一句话也没有说。

女儿咂咂嘴，不耐烦地等待着，纳闷父亲在做什么。大约20分钟后，父亲把火关了，把胡萝卜捞出来放入一个碗内，把鸡蛋捞出来放入另一个碗内，然后又把咖啡舀到一个杯子里。做完这些后，他才转过身问女儿："亲爱的，你看见什么了？""胡萝卜、鸡蛋和咖啡。"她回答。

父亲招了招手，示意她靠近些。她走近后，父亲让她用手摸摸胡萝卜。她摸了摸，注意到它们变软了。父亲又让女儿拿一只鸡蛋并打破它。将壳剥掉后，她看到的是一只煮熟的鸡蛋。最后，他让她喝了咖啡。品尝着香浓的咖啡，女儿笑了。她怯生生地问道："父亲，这意味着什么？"

他解释说，这三样东西面临同样的逆境，一锅煮沸的开水，但其反应各不相同。胡萝卜入锅之前是强壮的，结实的，毫不示弱，但进入开水之后，它变软了，变弱了。鸡蛋原来是易碎的，它薄薄的外壳保护着它呈液体的内脏，但是经开水一煮，它的内脏变硬了。而粉状咖啡豆则很独特，进入沸水之后，它们倒改变了水。"哪个是你呢？"他问女儿，"当逆境找上门来时，你该如何反应？你是胡萝卜，是鸡蛋，还是咖啡豆？"

你呢，我的朋友，你是看似强硬，但遭遇痛苦和逆境后畏缩了，变软弱了，失去了力量的胡萝卜吗？你是内心原本可塑的鸡蛋吗，先是一个性情不定的人，但经过死亡、分手、离婚或失业，是不是变得坚强了，变得倔强了？你的外壳看似从前，但你是不是因有了坚强的性格和内心而变得严厉强硬？或者你像是咖啡豆，豆子改变了给它带来痛苦的开水，并在它达到100度的高温时让它散发出最佳的香味。水最烫时，它的味道更好了。如果你像咖啡豆，你会在情况最糟糕时，变得有出息了，并使周围的情况变好了。

问问自己是如何对付逆境的。你是胡萝卜，是鸡蛋，还是咖啡豆？

励志传承

你是胡萝卜，还是鸡蛋，或是咖啡豆呢？在我们向着目标全力冲刺的过程中，我们会经历各种各样的挫折。在挫折面前，有的人像胡萝卜，畏惧退缩，停滞不前；有的人像鸡蛋，内心日益强大；还有的人则像咖啡豆，把所谓的逆境变成他的顺境。你想做哪种人呢？相信你已经有了自己的答案！

抬起头是片蓝蓝的天 ▶▶▶

当眼前出现阴暗时，抬头看看那片蓝蓝的天。

在一个贸易洽谈会上，我作为会务组的工作人员，把一个中年人和一个小伙子送进了他们的住房，也就是本市一家高级酒店的38楼。小伙子俯看下面，觉得头有点眩晕，便抬起头来望着蓝天，站在他身边的中年人关切地问，"你是不是有点恐高症？"

小伙子回答说，"是有点，可并不害怕。"

接着他聊起小时候的一桩事："我是山里来的娃子，那里很穷。每到雨季，山洪暴发，一泻而下的洪水淹上了我们放学回家必经的小石桥，老师就一个个送我们回家。走到桥上时，水已没过脚踝，下面是咆哮着的湍流，看着心慌，不敢挪步。这时老师说，你们手扶着栏杆，把头抬起来看着天往前走。这招真灵，心里没有了先前的恐惧，也从此记住了老师的这个办法，在我遇上险境时，只要昂起头，不肯屈服，就能穿越过去。"

中年人笑笑，问小伙子："你看我像是寻过死的人吗？"小伙子看着面前这位刚毅果决、令人尊敬的总裁，一脸的惊异。

中年人自个儿说了下去："我原来是个坐机关的，后来弃职做生意，不知是运气不好还是不谙商海的水性，几桩生意都砸了，欠了一屁股的债，债主天天上门讨债，6万多元，这在那时可是一笔好大的数字，这辈子怎能还得起。我便想到了死，我选择了深山里的悬崖。我正要走出那一步的时候，耳边突然传来苍老的山歌，我转过身子，远远看见一个采药的老者，他注视着我，我想他是以这种善意的方式打断我轻生的念头。我在边上找了片草地坐着，直到老者离去后，我再走到悬崖边，只见下面是一片黝黑的林涛，这时我倒有点后怕，退后两步，抬头看着天空，希望的亮光在我大脑里一闪，我重新选择了生。回到城市后，我从打工仔做起，一步步走到了现在。"

<table>
<tr><td>励志传承</td><td>　　在我们每个人的一生中，随时都会和他们两位一样碰上湍流与险境，如果我们低下头来，看到的只会是险恶与绝望。而我们若能抬起头，那是一个充满了希望并让我们飞翔的天空，我们便有信心用双手去构筑出一个属于自己的天堂。</td></tr>
</table>

上帝不会让你一无所有 ▶▶▶

当你觉得一无所有的时候，别忘了摸摸你的口袋。

一位来自农村的年轻人大学毕业后，带着父母省吃俭用攒下的钱来广州创业。然而，3个月后，与他合伙的同乡却卷款而逃了。后悔、愤懑、无奈、绝望在他心底交织，他想到了死。

他躺在天桥上，脑海里一片苍茫。这时，一位卖报纸的老妇走过来说，先生，买张报纸吧！他下意识地将手伸进衣袋。他摸到了一个冰凉的东西，拿出来，竟是一枚面值一元的硬币！他想，如果把这一元硬币花掉，自己就是真正一无所有的人了。于是，他把硬币递过去。老妇给他一张报纸并找回一枚面值五角的硬币。

他忽然瞥到了那则招聘启事：本公司求贤若渴，诚邀有志之士加盟……他心动了，缓缓走到天桥下的电话亭，然后拿起听筒。对方要求跟他见面。他放下电话，将那枚五角硬币递给老板，老板又找回来一角硬币。他将这枚硬币攥进手心，决定去那家公司碰碰运气。

他来到那家公司，一股脑地跟老板说了自己的不幸遭遇。老板说，谢谢你的信任，希望你能加盟我公司。年轻人掏出那枚一角硬币，惨淡地说，除了这一角钱，我一无所有。老板爽朗地笑了，有一角钱并不是一无所有啊，真正的财富不是用你财产的多寡来衡量的，而是用你头脑里的智慧和骨子里的坚强来体现的。老板向他伸出了手。

年轻人留了下来，时隔3年，便被提升为副经理。如今，他拥有了自己的产业，资产数百万元。但他不会忘记，当年那枚硬币所带给他的人生奇迹。

励志传承　　上帝对每个人都是公平的。上帝不会让你一无所有。失败时，请不要忘记摸一摸你的口袋，也许会有一枚硬币静静地躺在那里，也许这恰恰是上帝故意留给你的开启命运之门的钥匙，这枚钥匙的名字叫坚强！

生命的养料 ▶▶▶

树木生长需要养料，人生也一样。

一个小男孩认为自己是世界上最不幸的孩子，因为患脊髓灰质炎而留下了瘸腿和参差不齐且突出的牙齿。他很少与同学们游戏或玩耍，老师叫他回答问题时，他也总是低着头一言不发。

在一个平常的春天，小男孩的父亲从邻居家讨了一些树苗，他想把它们栽在房前。他叫他的孩子们每人栽一棵。父亲对孩子们说，谁栽的树苗长得最好，就给谁买一件最喜欢的礼物。小男孩也想得到父亲的礼物，但看到兄妹们蹦蹦跳跳提水浇树的身影，不知怎么，他萌生出一种阴暗的念头：希望自己栽的那棵树早点死去。因此浇过一两次水后，他再也没去照顾它。

几天后，小男孩再去看他种的那棵树时，惊奇地发现它不仅没有枯萎，而且还长出了几片新叶子，与兄妹们种的树相比，显得更嫩绿、更有生气。父亲兑现了他的诺言，为小男孩买了一件他最喜欢的礼物，并对他说，从他栽的树来看，他长大后一定能成为一名出色的植物学家。

从那以后，小男孩慢慢变得乐观向上起来。

一天晚上，小男孩躺在床上睡不着，看着窗外那明亮皎洁的月光，忽然想起生物老师曾说过的话：植物一般都在晚上生长，何不去看看自己种的那棵小树。当他轻手轻脚来到院子里时，却看见父亲用勺子在向自己栽种的那棵树下泼洒着什么。顿时，他明白了一切，原来父亲一直在偷偷地为自己栽种的那棵小树施肥！他返回房间，任凭泪水肆意地奔流……

几十年过去了，那个瘸腿的小男孩没有成为一名植物学家，他成为了美国总统，他的名字叫富兰克林·罗斯福。

励志传承　　乐观是生命中最好的养料，哪怕只是一勺清水，也能使生命之树茁壮成长。也许那树是那样的平凡、不起眼；也许那树是如此的瘦小，甚至还有些枯萎，但只要有养料的浇灌，它就能长得枝繁叶茂，甚至长成参天大树。

幸福在平淡中活出精彩 ▶▶▶

上帝给了每一个人一杯白水，于是，你往里面放进各种调料，搅成生活。

一次回老家探亲，我偶遇多年未见的儿时伙伴。彼此都感到惊喜，于是便相约彻夜长谈。与朋友的交谈中，我才知道，她经受过许多苦难，但是，我却未能从她那开朗的笑容中发现丝毫的痕迹。她早年丧母，全靠她帮助父亲把三个弟妹供上大学。

她后来嫁人了，又遭遇家婆病重，病愈后却瘫痪了。她丈夫是个乡村小学教师，收入也不多，而她本人开始时只是一名代课的老师，工资就更低了。为了支撑这个家，她向村里人要了人家不愿耕种的田地，下课以后就去侍弄，自己吃不完的还可以拿到市场上去卖。晚上不但要备课，照顾家婆，还要安顿两个年幼的孩子。

我还听说，虽然她总是那么忙，但是她从来没有因为家而

拖累自己的工作学习。在学校，她的教学水平不比那些从正规学校出来的老师差，她教的学生评比出来还是年年第一。有空的时候，她还会带着孩子去远足，去郊游。今年她还参加了民办教师转正考试，结果考了全县第一。

我问她，会觉得辛苦吗？她爽朗地笑了。她说，生活虽然清苦些，但很踏实，很满足。看着一家人和和美美地坐在一起吃饭，上课时看到孩子们充满渴望的眼睛，劳作时看到那一片绿油油的庄稼，心里就感到一种难言的幸福。她说，人不是有钱就幸福，但是钱少些，同样可以过得很幸福。

她是一位心灵手巧的女人。丈夫的衬衫领子有点破了，她把领子拆下翻过来重新缝上，又可以穿它一年半载。孩子没有衣服穿了，她把自己穿旧的衣服裁剪下来给孩子做衣服。有邻居丢掉的窗帘，她觉得布料还好，便要来做成桌布、屏风。而她自己呢，则常常穿亲友穿过的旧衣裳，大的可以改小，还可以按自己喜欢的风格改成新的样式。

望着她那黑中带红，在橘黄的灯光下闪着健康的光泽的脸，我心里不由得感到自惭。以前回家，乡里的老人总会半带开玩笑地说我，能轻松地生活在城里，是多么幸福。想到还有比自己生活得不好的熟人，偶尔还会沾沾自喜。然而，在她面前，所有的优越感都荡然无存。

生活只是那一杯水，要靠自己慢慢去品味，细细去咀嚼，用心去欣赏，你才能发现，原来，最幸福的生活，就是在那如水的平淡中活出精彩。

励志传承

比起那些城市里富足的人们，她实在是穷困不堪，但是那些整天身穿名牌，吃一顿饭几千上万元的人们真的幸福吗？看看他们走在街上苍白的眼神就知道，他们并没有找到想要的幸福。她虽然生活得艰苦，但是她的乐观点缀着自己的生活，在平凡中她找到了属于自己的满足。

只剩一只眼可以眨 ▶▶▶

当他只剩下一只眼睛可以活动时，他选择用这只眼睛成就自己。

博迪是法国的一名记者，在1995年的时候，他突然心脏病发作，导致四肢瘫痪，而且丧失了说话的能力。被病魔袭击后的博迪躺在医院的病床上，头脑清醒，但是全身的器官中，只有左眼还可以活动。可是，他并没有被病魔打倒，虽然口不能言，手不能写，他还是决心要把自己在病倒前就开始构思的作品完成并出版。出版商便派了一个叫门迪宝的笔录员来做他的助手，每天工作6小时，给他的著述做笔录。

博迪只会眨眼，所以就只有通过眨动左眼与门迪宝来沟通，逐个字母逐个字母地向门迪宝"背"出他的腹稿，然后由门迪宝抄录出来。门迪宝每一次都要按顺序把法语的常用字母读出来，让博迪来选择，如果博迪眨一次眼，就说明字母是正确的。如果是眨两次，则表示字母不对。

由于博迪是靠记忆来判断词语的，因此有时就可能出现错误，有时他又要滤去记忆中多余的词语。开始时他和门迪宝并不习惯这样的沟通方式，所以中间也产生不少障碍和问题。刚开始合作时，他们两个每天用6小时默录词语，每天只能录一页，后来慢慢增加到3页。几个月之后，他们历经艰辛终于完成这部著作。据粗略估计，为了写这本书，博迪共眨了左眼20多万次。这本不平凡的书有150页，并且已经出版，它的名字叫《潜水衣与蝴蝶》。

在这个世界上，聪明的人并不是很少，而成功的，却总是不多。很多聪明人之所以不能成功，就是因为他在已经具备了不少可以帮助他走向成功的条件时，还在期待能有更多一点成功的捷径展现在他面前；而能成功的人，首先就在于，他从不苛求现成条件，而是竭力创造条件——就算他只剩下一只眼睛可以眨。

对于博迪来说，一只可以眨的眼睛，是他唯一能够用来表达自己的器官。即使他只剩下一只眼睛，也一个字母一个字母地完成了自己150页的著作。对于每一个身体部分都灵活的我们来说，这是难以想象的成就，但这世间就是存在着这样的奇迹，这是坚强创造的奇迹。面对这样的人，你还会抱怨自己小小的不幸吗？那些青春路上的小失败，都是上帝给我们制造的成长的阶梯，没有任何一个人可以不需要经历挫折就成长。

叔叔，帮我拿瓶可乐 ▶▶▶

乐观的生活，即使遭遇人间最大的苦难，也可以笑着喝一杯可乐。

那一年，他17岁。他喜欢篮球，喜欢科比，也喜欢喝可乐。若不是14天前的那场灾难，这一切都会沿着正常的轨迹前行。

在地震来临的时候，这个来自绵竹市汉旺镇东汽中学高二（6）班的17岁男孩正在上化学课，他和许多不幸的人一样被那场地震埋到废墟下。5月15日19时，来自广东的救援人员发现了两名幸存者，其中一个就是薛枭，尽管自己的伤势较重，他却坚持让救援人员先救另一个幸存者。"先救她，她是女孩子！"薛枭说。

而这个女孩也坚持要求先救薛枭。最后救援人员说，谁好救就先救谁。而救援人员亦鼓励男孩要坚持，如果出来后，就给他喜欢吃的东西。

在灾难过后第80个小时，薛枭终于获救，就在人们要将薛枭抬上救护车时，他突然向在场的救援人员说："叔叔，帮我拿瓶可乐。"现场的救援人员都被这句话逗乐了，他们纷纷说："好，给你拿可乐。"谁知薛枭又说："要冰冻的。"救援人员马上答应："好的，拿冰冻的。"

这一幕被电视台的镜头记录下来。人们被薛枭勇敢稳重和对生命的顽强坚持深深感动，从而给这个17岁的男孩起了一个可爱的名字——"可乐男孩"。

从5月16日起，关于"可乐男孩"的主题在天涯虚拟社区中已经引起了网友们极为热烈的讨论。对于这个孩子最新情况的打探已经成为许多网友上网的重要事情。网上各种猜测的消息一度传来，有人说"他已经过世了，本来说是要截肢的，但是在手术过程中坚持不下去，走了……"

最终消息的来源者是卫生部的一位热心人士。他说薛枭的右手因畸形坏疽而需要高位截肢，但他很坚强。在医院的时候，他一直要求身边的志愿者不断地叫他，以保持自己的神志清醒。"16日要做截肢手术的时候，都是他自己做的决定，并在手术同意书上签字。"薛枭的妈妈说。躺在病床上的薛枭伸起左手说："不是签字，用大拇指按的手印。"

在薛枭被埋在废墟下的日子里，母亲谭忠燕不停地在寻找他。"我知道儿子埋在废墟下，营救人员说有几个学生救出来后被送到德阳市医院。"但谭忠燕和丈夫一家家找遍了德阳市所有的医院，也没有发现儿子的身影。5月13日，依旧下着大雨，没带雨具的谭忠燕夫妇搭车回到绵竹市，走了4里路到绵竹市救护中心守了一晚上，14日18时许，有熟人告诉谭忠燕，她的儿子还被埋压在废墟下。

薛枭就像我们周围所熟悉的独生子女一样，也许曾经淘气任性，但是在灾难面前表现得如此的顽强、善良、乐观。薛枭说："我喜欢体育，喜欢篮球，喜欢科比。"也许以后再也无法在熟悉的后卫位置上打篮球，但他依然是那么阳光。

"叔叔，我要喝可乐。"在忍受着巨大痛楚的情况下，薛枭不以为然的自信和自我安慰的话语，慰藉了救他的那些叔叔们。正如一位网友所说："薛枭是在用生命承诺一种自信，这是一种阳刚的自信，就像是生活中放学回家和母亲撒娇一样。"

也许是男孩和可乐的缘分，就在其手术后不久，便与可口可乐公司的人不期而遇。"我要喝可乐。"逗乐了所有的人，尽管笑中带泪。

励志传承　"叔叔，帮我拿瓶可乐"，这句"可乐男孩"的招牌语言，让我们看到了一个男孩乐观背后的许多品质：坚强、镇定、勇敢……一个人，如果能够在整个世界似乎都陷入死亡的深渊时，依然笑着面对生活，这种处世态度，必定会打动所有人的心。

鲍威尔的成功 ▶▶▶

当你对每一件事都全力以赴，认真真诚地对待，你的成功就是自然而然的。

美国国务卿鲍威尔并不是出身名门望族，这位黑人显贵原本家道寒微。鲍威尔年轻时胸怀大志，为帮补家计，凭借自己壮硕的身体，从事各种繁重的工作。

有年夏天，鲍威尔在一家汽水厂当杂工，除了洗瓶子外，老板还要他擦地板、搞清洁等，他毫无怨言地认真去干。一次，有人在搬运产品中打碎了50瓶汽水，弄得车间一地玻璃碎片和团团泡沫。按常规，这是要弄翻产品的工人清理打扫的。老板为了节省人工，要干活麻利爽快的鲍威尔去打扫。当时他有点气恼，欲发脾气不干，但一想，自己是厂里的清洁杂工，这也是分内的活儿。于是，鲍威尔便尽全力地把满地狼藉的脏物扫除揩抹得干干净净。

过了两天，厂负责人通知他：他晋升为装瓶部主管。自此，他记住了一条真理：凡事全力以赴，总会有人注意到自己的。

不久，鲍威尔以优异的成绩考进了军校。后来，鲍威尔官至美国参谋长联席会议主席，衔领四星上将，又曾膺任北大西洋公约组织、欧洲盟军总司令的要职；现时是布什总统组阁的国务卿。鲍威尔一直全力以赴地工作，在五角大楼上班时，这位四星上将往往是最早到办公室又是最迟下班的，同僚们曾赞赏地说："我们的黑将军，无处不身先士卒啊！"

鲍威尔在西点军校演说，曾以"凡事要全力以赴"为题，对学员们讲述了一个颇富哲理的故事：在建筑工地上，有三个工人在挖沟。一个心高气傲，每挖一阵就拄着铲子说："我将来一定会做房地产老板！"第二个嫌辛苦，不断地埋怨说干这种下等活儿时间长、报酬低。第三个不声不响挥汗如雨地埋头干活，同时脑子里琢磨如何挖好沟坑且不致地基松动……若干年后，第一个仍无奈地拿着铲子干着挖地沟的辛苦活儿；第二个虚报工伤，找个借口提前病退，每月领取仅可糊口的微薄退休金；第三个成了一家建筑公司的老板。

据说军校将鲍威尔的故事作为教育学员"凡事都要全力以赴"的活教材。

励志传承　　很多时候，我们很难理解身边的人为什么会比自己成功，却不去看别人是以怎样的做事态度来获得成功的。每个人的人生，都是靠许多许多的细节编织而成的，倘若不懂得在细节上做到全力以赴，你的人生必定会充满遗憾。

把厕所打扫得比厨房还干净 ▶▶▶

在最卑微的工作中展现你崇高的品格，你必将获得尊重和赏识。

查理·贝尔曾任麦当劳的执行总经理，负责管理麦当劳在全球118个国家多达三万余个餐厅的运营。翻开贝尔的履历，许多人生的亮点光彩夺目，而他深深铭记的时刻却是1976年：15岁的他迫于生计，到麦当劳求职。

那时，贝尔因为家境极其贫寒，于是他找到麦当劳店的店长，请求给他一份工作。贝尔营养不良，瘦骨嶙峋，脸上没什么血色，浑身土里土气。店长看他这副模样，委婉地拒绝了他，说：这里暂时不需要人手，希望他到别的地方去看看。

过了几天，店长没有料到，贝尔又来了，言辞更加恳切地请求他给份工作，即使是没有报酬也行。见老板没有吭声，贝尔感到了一点希望。他小声说："我看到您这里厕所的卫生状态似乎不是太好，这样也许会影响您的生意。要不，安排我扫厕所吧。

只要给我解决吃住就行了。"店长没有办法，就答应了让贝尔扫厕所试试看。

扫厕所，在一般人眼中都是被鄙视的，认为是没有出息的工作。可是，贝尔却认为这是他人生事业的一块最坚实的基石。

他每天清晨天还没亮就起床，把厕所彻底清扫一次，然后每隔一段时间就去维持。不久，他对扫厕所也摸索出规律：先把大的纸张扫了，然后洒干灰在那些湿脏的地方。让灰把水吸干，再扫，效果比直接扫好多了。记得有一次半夜，有人上厕所时，还看到贝尔睁着惺忪的眼睛在查看厕所是否弄脏了。

他还在厕所里摆放了些花草，让人在麦当劳的厕所中也能够欣赏美。另外，还把自己记得的谚语警句写了些贴在厕所的墙上，增加其中的文化气息。让人在方便的时候，也可以感受文化的魅力。贝尔的所有心思全部放在厕所上。确实，他的到来让那家店的厕所卫生状况大为改观，有人甚至说："这厕所比有些餐馆的大厅还要干净。"

经过三个月的考察，店长正式宣布录用贝尔。安排他去接受正规的职业培训。接着，店长又把贝尔放在店内各个岗位锻炼。19岁那年，贝尔被提升为澳大利亚最年轻的麦当劳店面经理。1980年，他被派驻欧洲，并且在那里的业务扶摇直上。此后，他先后担任麦当劳澳大利亚公司总经理，亚太、中东和非洲地区总裁，欧洲地区总裁及麦当劳芝加哥总部负责人，直到后来担任管理全球麦当劳事务的执行总经理。

飞黄腾达的贝尔接受媒体采访的时候，从来不避讳自己当年扫厕所的经历。他说扫厕所是对他最深刻的教育：一件事，你可以不去做；可是如果你做了，就要全力以赴地去做。"一屋不扫，何以扫天下？"贝尔就是从扫好麦当劳的一个厕所开始，一直到当好全球的麦当劳执行总经理。是啊，有了把厕所扫得比某些人的厨房还干净的干劲和执着，还有什么事情他做不好呢。

励志传承

贝尔说一件事要做了，就要全力以赴。一个人对待事情的态度，就是他的人生态度，同样也是决定一个人一生成败的关键因素。能够从小事上展现出自己全力以赴的品质的人，必然不会辜负自己的人生。

主题班会：勇敢面对挫折

【活动主题】勇敢面对挫折，直面人生困难

【活动目的】通过本次主题班会，让学生了解挫折在人生路上的不可避免性，提高承受力，掌握正确方法，培养学生积极进取、不畏挫折的良好意志品质，树立信心，让挫折成为自己向上攀登的垫脚石。

【活动日期】_____年_____月_____日

【班级人数】_____人

【缺席人员】_____人

【活动流程】

1. 通过一则小故事导入：

印度洋海啸——坚强的笑脸

当狂风袭卷海岸，摧毁了房屋和农田，吹不走的是人们求生的信念；当暴雨肆虐港湾，冲垮了堤坝和建筑，冲不散的是人们坚强的微笑。

忘不了当地人民手拉手，肩并肩地与洪水抗争时的团结，忘不了来自世界各个角落前来援助的仁人志士的友爱和关怀。尽管肤色不同、种族各异，不变的是人人脸上的那一缕微笑，如阳光般灿烂。

给生命一个坚强的微笑，沉着冷静地去面对，去解决暂时的障碍，去迎接雨过天晴的那一天。

2. 学生辩论——辩论中明事理。

正方：挫折教育在人的成长中起促进作用。

反方：挫折教育在人的成长中起抑制作用。

3. 交流故事——交流中得力量。

对待挫折，每个人的态度不同：弱者把挫折当作一堵墙，而强者把它看作一架梯子。下面我们就看一下名人是如何战胜挫折的吧！

学生交流所搜集的名人战胜挫折的故事，从中汲取力量。

交流后总结：面对挫折，不屈不挠，勇敢战胜，笑对人生！

4. 畅谈感受——畅谈中悟道理。

请同学们回忆自己所经历的最难忘的一次挫折所造成的后果，并从中总结出经验或教训。

【活动总结】

没有嫣然绽放的花蕾，便没有四季宜人的温馨；没有潺潺流动的微笑，便没有漫漫人生的洒脱，我们虽然哭着来到世上，但应该用微笑面对人生，给生命一个坚强、勇敢、自信的笑脸，创造一个独一无二的精彩人生。

小测试：你有充分的自信心吗

对下列题目做出"是"或"否"的回答：

1. 你觉得自己经常会遇到麻烦事。

2. 你觉得在众人面前说话是很困难的。

3. 如果可能，你将会改变你自己的许多事情。

4. 你很难做出决定。

5. 你没有许多开心的事可做。

6. 你在家里常常感到心烦。

7. 你对新事物的适应很慢。

8. 你与你的同龄人相处得不好。

9. 你家里的人通常不关心你的感情。

10. 你常常会做出让步。

【测试评价】

　　每题回答"是"记0分，回答"否"记10分。各题得分相加，然后乘上4即是你的自信总分。

80分以上：属于自信程度较高的范围。

70-80分：属于自信程度正常的范围。

60-70分：属于自信程度偏低的范围。

50-60分：属于自信程度较低的范围。

50分以下：你很自卑，做事总是畏畏缩缩，缺乏信心。

Strive juvenile

第二章／成功没有时间表

如果缺少了自信，那么你就缺少了飞翔的翅膀。因为任何时候，只有你在心中肯定自己，你才能朝着蓝天去努力。每一天都告诉自己，我是最棒的，那么你一定比上一秒钟的你更有朝气。自信是你一生中至关重要的一种品质。拥有了它，你的人生将不再黑暗。

"卑微"是人生的第一课 ▶▶▶

人生的诗篇，卑微也许就是开篇的第一课。

鲜花与掌声从来都被年轻人全力追逐。在茶楼当过跑堂、在电子厂当过工人的周星驰也不例外，中学时期他就梦想有一天能主演一部电影。然而现实与梦想之间的距离总是很遥远，周星驰在电影剧组的第一个工作是杂役，干些诸如帮人买早点、洗杯子之类的事情，根本没有机会参加演出。

3年之后，周星驰才开始饰演一些仅有几句台词或根本就没有台词的小角色，如果在今天仔细观看那部曾轰动一时的古装武侠连续剧《射雕英雄传》，就会在里面找到他的影子：一个只在画面上闪现了几秒钟的无名侍卫，最后以死亡结束了他匆匆的亮相。

没有导演看重外型瘦弱另类的他，因为观众的鲜花与掌声只献给美女与英雄。失落之余，他转行做儿童节目主持人，一做就是4年，他以独特的主持风格获得了孩子们的喜欢。但是当时有记者写了一篇《周星驰只适合做儿童节目主持人》的报道，讽刺他只会做鬼脸、瞎蹦乱跳，根本没有演电影的天赋。这篇报道深深地刺激了周星驰，他把报道贴在墙头，时刻提醒和勉励自己一定要演一部像样的电影。

于是他重新走上了跑龙套的道路，虽仍要忍受冷眼与呼来唤去，仍是演出那些一闪而过的小角色，但他紧紧抓住每次出演的机会，拼尽全力展示最独特的自己，就像一束一束的瑰丽烟火冲向漆黑的夜空。

一年之后，也就是1987年，他才真正意义上参演了第一部剧集《生命之旅》，虽然差不多还是跑龙套，但是终于有了飞翔的空间。从此，他开始用一个小人物的卑微与善良演绎自己的人生传奇。

经历过最底层的挣扎，拍完50多部喜剧作品之后，周星驰

成为大众心目中的喜剧之王。从上世纪90年代至今，他的影片年年入选十大票房，他成为香港片酬最高的演员之一。好莱坞翻拍他的电影，意大利举办周星驰电影周向他致敬，他独创的"无厘头"表演风格，成为香港甚至全世界通俗文化的重要一环。

在央视专访节目中，周星驰不无自嘲地回忆了走过的路程：有些人说我最辛酸的经历是扮演《射雕英雄传》里面一个被人打死的小兵，但是我记得这好像不是，还有更小的角色，剧名至今也不清楚，一大帮人，我站在后面，镜头只拍到帽子与后脑勺。那种感觉对我来说相当重要，因为这使我对小人物的百情百味刻骨铭心。

人生其实就是这样，充满了光荣与失落，梦想与挫折，奇迹与艰辛。没有人生下来就是大明星，但即使是扮演再普通的小角色，也要用心把他演得最出色。饱尝世事辛酸终于站在自己梦想舞台巅峰之上的周星驰，用他的经历告诉我们：卑微是人生的第一堂课，只有上好这一堂课，才有机会使自己的人生光彩夺目。

励志传承

周星驰的无厘头幽默成为香港电影中不得不提的重要一笔，他的名号也升级为"星爷"。可是，在辉煌之前，他又经历过多少艰辛，甚至卑微。不过，他把卑微当成人生的第一堂课，从第一堂课中便开始找寻到自己的价值和辉煌，坚实地走好每一步，无数个卑微过后，辉煌才会来临。

成功没有时间表 ▶▶▶

前半生失足，就意味着后半生只能黯淡无光？她的回答是"不"！

俗话说：人过三十天过午。如果一个人年过半百，还会迎来事业、爱情的第二次辉煌吗？在常人眼里，这几乎是不敢想象的事。但有一个人做到了。

这是一名德国人，出生在一个商人家庭，自小就喜欢上了演员这个职业。20岁那年，因为天生丽质加上杰出的演技，她被当时的纳粹头目相中，"钦点"成战争专用宣传工具。

几年之后，德国战败，她因此受到牵连，被判入狱四年。刑满释放之后，她想重回自己喜爱和熟悉的演艺圈。然而，尽管她才华横溢、演技出众，可由于历史上的污点，主流电影媒介处处对她小心提防、避而远之，大好的金色年华就这样付诸东流。

一晃十几年过去，她的身份，仍然走不出刑满释放囚犯的影子，没人敢起用她，没人敢收容她，甚至，没人敢娶她，年近半百，她依然独来独往、形单影只。

她的50岁生日就这样悄然而凄然地来到了。那一天，她大醉了一场，醒来之后，突然做出了一个谁都意想不到的决定：只身深入非洲原始部落，采写、拍摄独家新闻。

这之后的两年，她克服重重困难，顶住心理、生理上的巨大压力，拍摄了大量努巴人生活的影集，这些照片，一举奠定了她在国内摄影界的地位。

她的奋斗精神和曲折经历深深吸引了一位30岁的小伙子，他和她是同行。共同的兴趣和爱好让他们超越了年龄隔阂，抛开外界舆论相爱而走到了一起。

在接下来的近半个世纪时光里，他们远离人间的一切是是非

非，相敬如宾，出入战火和内乱交困的非洲部落，深入大西洋海底世界探险，书写了一段浪漫而美丽的爱情。

为了使自己的拍摄才华与神秘的海底世界融为一体，在68岁那年，她开始学潜水。

随后，她的作品集中增添了瑰丽多彩的海洋记录，这段海底拍摄生涯一直延伸到她百岁高龄。这位充满了传奇色彩的女性，就是被美国《时代周刊》评为20世纪最有影响的100位艺术家中唯一的女性。她的名字叫莱妮·丽劳斯塔尔。

她以前半生失足、后半生瑰丽的传奇经历告诉人们：成功没有时间表，只要时刻保持一腔自信。

励志传承 　　每个人都曾经有这样或那样的梦想，在向梦想前进的道路上，困难和挫折在等着我们。很多人在它们面前，开始怀疑自己"是否具备实现梦想的能力"，于是不少人在怀疑中放弃了希望。其实梦想是不是虚幻，取决于你是否相信自己。

奥列弗与其他鸵鸟 ▶▶▶

是什么使奥列弗没有像其他鸵鸟一样死于大象的践踏之下？

一天，一只具有权威，态度严厉的鸵鸟向年轻的鸵鸟讲演，认为它们比其他一切物种都优越。"我们为罗马人所知，或者确切地说，罗马人为我们所知，"它说，"他们称我们鸵鸟，我们称他们'罗马人'。希腊人称我们为'诚实的鸟'，好像是。我们是世界上最大的鸟，因此也是最好的鸟。"

所有的听众都大叫起来："说得好！说得好！"但只有富有思想的奥利弗没有欢呼。"我们不能像蜂鸟那样向后飞。"它大声说。

"蜂鸟向后飞是撤退，"这个老鸵鸟说，"我们向前飞是前进，我们永远向前进。"

"说得好！说得好！"其他所有的鸵鸟都叫喊起来，除了奥利弗。

"我们生的蛋最大，因此也最好。"这个老学究继续说。

"知更鸟生的蛋更漂亮。"奥利弗说。

"知更鸟的蛋除了生知更鸟什么都不生，"老鸵鸟说，"知更鸟吃草虫成性。"

"说得好！说得好！"其他所有的鸵鸟都叫喊起来，除奥利弗之外。

"我们用四个脚趾走路，而人需要十个。"这个老学究提醒它的学生说。

"可是人可以坐着飞行，但是我们根本做不到。"奥利弗评论说。

老鸵鸟先用左眼后用右眼，严厉地看了看奥利弗然后说："人飞得太快。因为地球是圆的，所以很快后者就会赶上前者，发生相撞。人永远不会知道，从背后撞他的也是人。"

"说得好！说得好！"其他所有的鸵鸟都叫喊起来，除了奥

利弗。

"在危险的时刻，我们可以把头埋进沙子里使自己什么都看不见，"老学究慷慨激昂地说，"别的物种都不能这样做。"

"我们怎能知道我们看不见人家而人家不能看见我们呢？"奥利弗盘问道。

"胡扯！"老鸵鸟叫道，除了奥利弗其他所有鸵鸟也叫道："胡扯！"它们并不知道是什么意思。

就在这时，老师和学生们都听到一阵令人惊慌的奇怪的声音，这是一种惊雷般的声音，由远及近，越来越近。但是这不是暴风雨即将来临的雷声，而是一大群因受惊而狂奔乱跑的象所发出的雷鸣般的轰响。老鸵鸟与其他所有鸵鸟，都迅速地把头埋进沙子里，奥利弗除外。当奥利弗从藏身之处出来后，看到一片沙子、白骨和羽毛。所有这些就是那个老学究和他的弟子们留下的一切。

"说得好！说得好！"这是沙漠中仅有的声音，除了远远的地平线渐渐消失的最后一阵隆隆的雷声。

励志传承

我们需要自信，但不需要盲目自信。自信过度就变成了"自大"，如同老鸵鸟一般，本以为自己天下无敌，结果反倒成为大象蹄下的一缕冤魂。

真正的自信，是在正确认识自己的基础上建立起来的，既赏识自己的优点，又正视自己的缺点，这样才能扬长避短，发挥自己的最大优势，获取最后的成功。

不要让一粒纽扣影响你的生活 ▶▶▶

一件漂亮的衣服绝不会因为丢失了一粒纽扣而失去光彩。

有个女孩用一个月的薪水买了一件新衣服，那是她心仪已久了的。穿上新衣，她愈发光彩照人。看着别人惊艳的眼神，她心中充满了自信，工作也有了十足的进步。

可是有一天，她发现衣服上的一粒纽扣不见了，那是一种形态奇特的纽扣，她翻遍衣柜，也没能找见，便匆匆地换了一件衣服去上班。她一整天工作都打不起精神，少了平日的自信，头脑中总是想着那件衣服。

下班后，她在家里又寻找了一遍，依然是没有找到那粒纽扣，便颓然坐在地上，什么事都不想做。忽然，她想到为何不去商店里看看呢？也许可以买到呢！她兴奋地冲出家门，可是几乎跑遍了大小商店和制衣店，都没有卖那种纽扣的，她的心黯淡到了极点。

从此，那件衣服便被束之高阁。女孩初穿它时所带来的自信与热情已无影无踪，工作也消极起来。一天，一个朋友来访，偶然看到那件衣服，便惊问："这么漂亮的衣服你怎么不穿呢？"她说："你看，扣子丢了一枚，又买不到同样的。"朋友笑着说："那你可以把其他的扣子都换了嘛！那不就一样了吗？"女孩闻言大喜，于是选了她最喜欢的扣子把其他的扣子都换了，衣服又美丽如初，而她也重拾回了灿烂的心情。

<table>
<tr><td>励志传承</td><td>　　我们常常因为微小的失落而放弃一整件事，也常常因为放弃了一件事而使生活变得黯淡。就像那女孩因为失落了一枚扣子而放弃了美丽的衣服，从而也放弃了好的心情。在生活中，如果我们能用一种全新的心情去替换落寞，用笑容去补缀缺失，那么生命一样会是完美而无悔的！</td></tr>
</table>

你的人生由自己决定 ▶▶▶

进了奥斯维辛集中营就意味着死亡，可是斯坦尼斯洛奇迹般地活了下来。

只因为斯坦尼斯洛是个犹太人，纳粹便不由分说地闯入他的家，将他的一家人逮捕并像牲畜般地赶上火车，一路开到了令人不寒而栗的奥斯维辛死亡集中营。他从未想到竟然会有一天目睹家人的死亡，他的孩子只不过去冲了个"淋浴"便失去了踪影，而衣服却穿在别的小孩身上，他怎么受得了这种锥心之痛呢？然而他还是咬着牙熬过了。他知道有一天也得面对那躲也躲不掉的相同噩梦，只要在这座集中营多待一天，就难有活命的可能。因此他做了个"决定"，就是一定得逃走，并且越快越好。

虽然此刻还不知怎么逃，但是他知道不逃是不行的。接下来的几个星期，他急切地向其他的人问道："有什么方法可以让我们逃出这个可怕的地方？"可是得到的总是千篇一律的答案：

"别傻了，你这不是白费力气吗，哪有可能逃出这个地方？还是乖乖地干活，求老天多多保佑才是！"这些话并没有使他泄气，他可不是听天由命的那种人，别人越那么说就越激发他求生的斗志。他依然时时刻刻在心里想着："我得怎么逃呢？总会有办法的吧？今天我得怎么做，才能平平安安逃出这个鬼地方呢？"虽然有时所想出来的逃生之道十分荒唐，可是他始终都不气馁，仍然锲而不舍地动脑筋。

安东尼·罗宾认为只要我们求得恳切，我们就必然会得到。可能是斯坦尼斯洛长久以来"热切"探索逃亡这个问题，因而激发出内心潜藏的伟大力量，终于有一天他得到了答案。这个逃生之道简直没有人能够想得出来，那就是借助于腐尸以及腐尸的臭味。

这个方法是有可能的，因为在他做工数步之远便是一堆要抬上车的死尸，里面有男有女、有大人也有小孩，都是在毒气间被毒死的。他们嘴里的金牙被拔掉了、身上的值钱珠宝被拿走了、连穿的衣服也被剥光了，这一切看在其他人的眼里可能会兴起纳粹残酷、天地不仁之叹，然而对斯坦尼斯洛来说却兴起一个问题："我得如何利用这个机会脱逃呢？"很快他便得到了答案。

当那天要收工而众人正忙着收拾工具时，斯坦尼斯洛趁着没有人留意，便迅速躲在卡车之后脱下一切的衣服，以迅雷不及掩耳的速度，赤条条地趴在了那堆死尸之上，装得就跟死人一模一样。他屏住呼吸一动也不动，哪怕还有其他的死尸后来又堆在他的身上。在他的四周此刻已堆了不少死尸，其中有些已散发出臭味和流出血水，这都未使斯坦尼斯洛移动分毫，唯恐被别人发现他的诈死，他只是静静地等待被搬上车，然后开走。终于他听到卡车引擎发动的声音，随之便一颠一颠地上了路，虽然四周的气味十分难闻，不过在他的心里已然升起一丝活命的希望。不久卡车陡地停在一个大坑前面，倾卸下一件件令人不忍目睹的货物，那是数十具死尸以及一个装死的活人。在坑里，斯坦尼斯洛仍然静止不动，等着时间一分一秒地过去，直到暮色降临四周已无人，他才悄悄地攀上坑口，不顾身无寸缕，一口气狂奔了70公里，最后终于得以活命。

励志传承　　斯坦尼斯洛在注定死亡的绝境中，坚持自己能够走出去，所以他始终不放弃寻找逃出去的机会，终于想到借助腐尸和腐尸的臭味的方法成功逃离了集中营。生活中，只要你坚持，成功就在最为痛苦的磨难之后等着你。

与困难掰腕子 ▶▶▶

父亲在一个迷路的黑夜，与困难掰起了腕子。

父亲十多岁的时候，爷爷就去世了。当时，家里的日子过得很凄凉。为了能挣些口粮，奶奶一狠心，把父亲送到后草地换粮的车队。

换粮回来的半道上，骡子病了。为了给牲口看病，父亲在一家车马店耽搁了一天多的时间。第二天下午，父亲只好一个人往回赶。天越来越黑，风也越刮越大。地上的积雪被扬得四散，天地之间灰茫茫的，看不清前头的路。父亲本打算走到前边的一个村庄，找一个地方住下来，但是往前走了很长一段时间，还是看不到那个村庄。

天已经彻底黑了，又走了不知多少路，还是不见一星半点的灯影。父亲觉得，一定是迷路了。他把车上所有御寒的东西，都胡乱地穿在自己身上，又把两条麻袋片，搭在了还有些虚弱的骡子身上。天气越来越冷了，刺骨的寒风发着呜呜的怪响，毫无遮拦地穿透父亲的衣服，深入到父亲的骨髓深处。

父亲后来回忆说，那种时候，人和牲口要是一停下来，很快就会冻僵了。父亲牵着骡子，明明知道已经迷路了，还是义无反顾地往前走，他知道走下去就能活下来。然而那一次，命运好像偏偏和他作对。车走着走着，突然掉进了一个雪窟窿，父亲爬到车底下，清理了积雪，自己扶着边辕，狠命地吆喝着牲口，一连试了几次，车就是出不来。风越刮越大，后半夜更是冷得难耐。有几次，父亲想舍弃了车，自己和牲口逃命。但是，一想到家里，好几口子人指望着换回去的东西活命，他就不敢再想这些。后来，父亲把车上的东西都卸下来，空车出来，再把东西装上去。父亲说，他当时冻得瑟瑟发抖而又筋疲力尽，也不知道什么力量促使他还能搬得动上百斤的麻包……

以后的岁月，父亲偶尔说起这件事的时候，总是意味深长地说，人这一辈子，谁都会遇到点难事，关键是要学会和它掰腕子，再大的困难，只要心里不松劲，掰腕子永远输不了。

励志传承　　在困难面前，人就必须有点倔劲儿。也许你现在还没有经历磨难的机会，也许你现在正面临着或即将面临着困难，不管怎样，从现在开始，你就要培养自己不服输的精神。只要坚持抗争，没有战胜不了的困难。

多努力一次 ▶▶▶

姐妹俩生活上的天壤之别，仅在于六年前是否多努力一次。

一对从农村来城里打工的姐妹，几经周折才被一家礼品公司招聘为业务员。

她们没有固定的客户，也没有任何关系，每天只能提着沉重的钟表、影集、茶杯、台灯以及各种工艺品的样品，沿着城市的大街小巷去寻找买主。五个多月过去了，她们跑断了腿，磨破了嘴，仍然到处碰壁，连一个钥匙链也没有推销出去。

无数次的失望磨掉了妹妹最后的耐心，她向姐姐提出两个人一起辞职，重找出路。姐姐说，万事开头难，再坚持一阵，兴许下一次就有收获。妹妹不顾姐姐的挽留，毅然告别了那家公司。

第二天，姐妹俩一同出门。妹妹按照招聘广告的指引到处找工作，姐姐依然提着样品四处寻找客户。那天晚上，两个人回到出租屋时却是两种心境：妹妹求职无功而返，姐姐却拿回来推销生涯的第一张订单。一家姐姐四次登门过的公司要召开一个大型会议，向她订购二百五十套精美的工艺品作为与会代表的纪念品，总价值二十多万元。姐姐因此拿到两万元的提成，淘到了打工的第一桶金。从此，姐姐的业绩便不断攀升，订单也一个接一个而来。

六年过去了，姐姐不仅拥有了汽车，还拥有一百多平方米的住房和自己的礼品公司。而妹妹的工作却走马灯似的换着，连穿衣吃饭都要靠姐姐资助。

妹妹向姐姐请教成功真谛。姐姐说："其实，我成功的全部秘诀就在于我比你多了一次努力。"

只相差一次努力啊，原本天赋相当机遇相同的姐妹俩，自此走上了迥然不同的人生之路。

有所不为，才能有所为。人生有很多东西是可以放弃的，但万万不可轻言放弃的是：努力。

恰如鲮鱼和鲦鱼的例子就说明了这一点，实验者用玻璃板把

一个水池隔成两半，把一条鲮鱼和一条鲦鱼分别放在玻璃隔板的两侧。开始时，鲮鱼要吃鲦鱼，飞快地向鲦鱼游去，可一次次都撞在玻璃隔板上，游不过去。经历了一次又一次的碰撞之后，鲮鱼放弃了努力，不再向鲦鱼那边游去。更有趣的是，当实验者将玻璃板抽出来之后，鲮鱼也视而不见，不再尝试去吃鲦鱼！鲮鱼失去了吃到鲦鱼的信心，放弃了已经可以达到目的的努力。

其实，作为万物之灵的人，有时也会犯鲮鱼那样的错误。许许多多的医生、教练员和运动员断言：要人在4分钟内跑完1英里的路程，那是绝不可能的。然而，有一个人首先开创了4分钟跑完1英里的纪录，证明了他们的断言错了。这个人就是罗杰·班尼斯特。数十年前被认为是根本不可能的事情，为什么变成了可能的事情？只因为有人多了一次努力。

励志传承

好多障碍并不是存在于外界，而是存在于我们的心里。几乎每个胜利者，都曾经是个失败者。胜利者与失败者的重要区别是：胜利者屡败屡战，绝不轻易放弃努力；失败者屡战屡败，可惜到最后还是放弃了努力。

1% 成就 100% ▶▶▶

当你觉得缺失很多时，你已经拥有很多了。

在 1973年，他出生于台南小镇一个普通的家庭。高中时，他似一匹脱缰的野马，逃课、逃家、飙车样样来，每天在游乐场和撞球间混，他是众人眼中的浪荡子，他甚至瞒着父亲"拒绝联考"，被发现后离家出走，把父亲气到快进精神病院。从此，他在"社会大学"里修炼学分：干搬运工、水泥工、货车司机，到处打零工养活自己。有一段时间，他不得不睡游乐场楼上的夹板床，和三教九流蹲坐在墙脚边抽烟。

21岁后，他和好友合伙做生意，从健身器材、RO逆渗透机到汽车用品，但没一个生意超过半年。两年后，他进入一家公司卖韩国现代汽车，照样过着颓废的生活，日夜颠倒，每天上班都迟到。后来他的车子丢了，就在那一晚，兼职创业的他又被合伙人骗走了100多万新台币。心情沮丧到了极点。在社会里跌跌撞撞

了几年，他幡然醒悟，人生不可以再荒唐下去！

然而，他手中拿到的却是一副烂牌——有多烂？

第一张烂牌——他没有富爸爸，且只有高中学历。

第二张烂牌——现代汽车在台湾的顾客满意度排名中倒数第二名。

第三张烂牌——现代汽车的销售量倒数第一。业界人士形容，"卖一辆现代汽车，比卖三辆丰田还难。"

第四张烂牌——公司财务状况不佳。他服务的公司连续多年亏损，财务危机不断，公司给业务员的资源也少得可怜。

第五张烂牌——销售据点在穷乡僻壤。他所在的营业处位于台南县佳里镇，居民不到6万人。而营业处的150多位业务员几乎都跳槽了，只有他和二十来位留了下来。

一开始，他得面对销售弱势品牌的挑战，因为品牌不强，客户很容易变卦，那一年，他连年终奖金都没有领到。但他没有被打倒，他激励自己："好卖的车，谁都会卖。如果我去卖别人不想卖的车，就很少有人和我抢客户，我就有更多机会。"

山穷水尽之时，他信奉全球最伟大的汽车销售员乔·吉拉德的"250定律"：满意的顾客会影响250人，抱怨的顾客也会影响250人。这后来成为他制胜的秘籍。凭着憨直、真诚、"被拒绝九次仍不放弃"的付出，他赢得了客户的信任。很多客户变成他的铁杆儿"业务员"，来帮他卖车，甚至有一位半身不遂的客户，只剩下一张嘴巴能动，还在帮他介绍客户。

从他眼中看出去，每样事物皆是美好。在别人眼中，现代汽车是韩国品牌，品质不好，更换零件不方便，但在他眼里，现代车却"有法拉利设计师设计的流线外形，使用的是奔驰引擎"。愿意买现代的客人少，他会说："能提供给客户的服务才能做得更好，这是我们的优势"。碰上公司连年亏损，连每年发送客户的月历礼品都限量配额，他却说："这样我才更能仔细选择真正会买车的客人……"

2005年，他竟然卖出205辆汽车，平均1.8天一部车！创下台湾有史以来年度最高汽车销售纪录。那一年，他的年收入高达560万新台币。 他就是台湾销售员的天王——林文贵。2007年9月中旬，他成为第一届《商业周刊》"超级业务员大奖"金奖得主。评委给出的评语是，"他就像生长在悬崖上的兰花，没有土，没有水，悬崖上的风还很大，自己却从细缝中活出精彩"。

人生中真正重要的不是我们手中握一把什么样的牌，而是如何去打。有了正面的思考、积极的心态和不懈的努力，即便我们连一张好牌都没有，也能靠自己一路打出好牌，更能从一片贫瘠的土地上开垦出一座漂亮的花园。

不冒险怎能成功 ▶▶▶

只要多走100米的平地，就可以走出困境，角马所需要的，就是不同以往的一点勇气。

在非洲的塞伦盖蒂大草原度假时，我曾一连3小时坐在河边，看一小群角马如何鼓起勇气下河饮水。每年夏天，上百万只角马从干旱的塞伦盖蒂北上迁徙到马赛马拉的湿地，这群角马正是大迁徙的一部分成员。

在这艰辛的长途跋涉中，格鲁美地河是唯一的水源。这条河与迁徙路线相交，对角马群来说既是生命的希望，又是死亡的象征。因为角马必须靠喝河水维持生命，但是河水还滋养着其他生命，例如灌木、大树和两岸的青草，而灌木丛还是猛兽藏身的理想场所。冒着炎炎烈日，焦渴的角马群终于来到了河边，狮子会突然从河边冲出，将角马扑倒在地。涌动的角马群扬起遮天的尘土，挡住了离狮子最近的那些角马的视线，一场杀戮在所难免。

在河水流速缓慢的地方，又有许多鳄鱼藏在水下，静等角马的到来。一天我看到28条鳄鱼一同享用一头不幸的角马。另一天，一头角马跛着一条腿，遍体鳞伤地从鳄鱼口中逃生。有时湍急的河水本身就是一种危险，角马群巨大的冲击力将领头的角马挤入激流，它们若不是淹死，就是丧生于鳄鱼之口。

这天，角马们来到一处适于饮水的河边，它们似乎对这些可怕的危险了如指掌。领头的角马磨磨蹭蹭地走向河岸，每头角马都犹犹豫豫地走几步，嗅一嗅，嘶叫一声，不约而同地又退回来，进进退退像跳舞一般。它们身后的角马群闻到了水的气息，一齐向前挤来，慢慢将"头马"们向水中挤去，不管它们是否情愿。如果角马群已经有很长时间没饮过水，你甚至能感觉到它们的绝望，然而舞蹈仍然继续着。

那天我看了3个小时，终于有一只小角马"脱群而出"，开始痛饮河水。为什么它敢于走入水中，是因为年幼无知，还是因为渴得受不了？那些大角马仍然惊恐地止步不前，直到角马群将它们挤到水里，才有一些角马喝起水来。不久，汹涌的角马群将一头角马挤到了深水处，它恐慌起来，进而引发了角马群的一阵骚乱。然后它们迅速地从河中退出，回到迁徙的路上。只有那些勇敢地站在最前面的角马才喝到了水，大部分角马或是由于害怕，或是无法挤出重围，只得继续忍受干渴。每天两次，角马群来到河边，一遍又一遍重复着这一仪式。一天下午，我看到一小群角马站在悬崖上俯视着下面的河水，向上游走出100米就是平地，它们从那里很容易到达河边，但是它们宁可站在悬崖上痛苦地鸣叫，却不肯向着目标前进。生活中的你是否也像角马一样？是什么让你藏在人群之中，忍受着对成功之水的渴望？是对未知的恐惧，害怕潜藏的危险？还是你安于平庸的生活，放弃了追求？大多数人只肯远远地看着别人痛饮成功之水，自己却忍受干渴的煎熬。不要让恐惧阻挡你的前进，不要等待别人推动你前进，你必须奋起而行动，因为只有勇于冒险的人才可能成功。

<table>
<tr><td>励志传承</td><td>　　对于角马来说，选择喝水和接近鳄鱼是困难的。但忍着干渴的安逸，还有幸福可言吗？如果你是角马，一定要向上游走100米，这样你就会发现，只要你比别人多一点勇气，多一点努力，就可以获得清甜的水源，以及踏实而安定的幸福。</td></tr>
</table>

这个世界是等价交换 ▶▶▶

看别人得到的，更关注别人付出的，你就会明白人生的得与失的关系。

天下没有白吃的午餐。你要在别人看得见你的时候风光时尚，那就一定要在别人看不见你的时候辛苦劳累。这个世界是等价交换的。

——郭敬明

他丝毫不掩饰对于金钱和物质的追求。"笔记本是爱马仕的，手提包是LV的，连小熊钥匙扣都是PRADA的，我也不知道为什么我一个几乎不用笔写字的人，要买一个四位数的爱马仕笔记本……我的钱包大概有十几个，这个是我放在书架上没有用的，随手拿过来拍照应付一下这个新栏目，我也就不提这个钱包其实中国只有限量的X个了……"

小时候，他的妈妈在银行工作，因为多给了客户一百元而被罚赔偿，并且额外扣了一百块钱的工资。他说，妈妈为此流了两

个晚上的眼泪，那个时候她的月工资只有一百二十块。

在他大概七岁的时候，爸爸买了人生中第一件有牌子的衬衣，花了不小的一笔钱。但是爸爸笑得很开心，他站在镜子面前，转来转去地看着镜子里气宇轩昂的自己。

这些事情，让他意识到：这些都是和钱有关系的，钱带来开心和伤心。

后来，他长大了，通过写作，开始过上体面的生活。但是各种争议也随之而来，有人说："他的钱还不是我们买书给他的钱！要是没有我们买他的书，饿死他！他能穿名牌吗？真是对他失望！"这些话同样让他失望。

对于郭敬明而言，辛苦写作，光明正大地赚钱，是天经地义的事。至于怎么花，是个人的事情。工作这么辛苦，为什么不让生活更有品质？

这位年仅26岁的年轻人有着多种身份，偶像作家、公司老板、杂志主编……让人惊讶的是，每一样他都做得非同一般，并且在这些身份之间，切换自如，游刃有余。然而，大家看到的多是他风光和时尚的一面，常常忽略其背后的努力和艰辛。

郭敬明招招都是有的放矢，决不做无用功。他的文化公司效益不错，《最小说》卖得挺好，在年度作家富豪榜上，他也超越了众多老少作家稳坐榜首位。这些实实在在的效益，不苦心经营是得不到的。对于郭敬明来说，奔波于数个城市之间、一天做两三个活动、加班到凌晨……都是很平常的状态。人的生命长度相似而浓度各异，郭敬明就是那个把生命的可能性最大化的人之一。

他自己的书，每一本他都想要不一样的感觉。在刚刚出道的阶段，像《幻城》《梦里花落知多少》，文笔和情节在同龄人中间都是比较前沿的，到了《悲伤逆流成河》这个阶段，他大部分精力都用在锤炼自己的文笔以及对文字的雕琢上，而到了《小时代》，借用Web1.0的信息概念，以自己主编的《最小说》为阵

地，采用连载方式拉近了与年轻读者的距离，并为今后每年一部的系列做了伏笔。"我喜欢在我的创作里不断出现新鲜的元素和新鲜的表达方式。甚至在最新的连载《小时代》里，我希望用文字呈现出美剧一般的节奏感和悬念感。"

对于非议，郭敬明常常是沉默并且我行我素。他说：沉默其实是一种力量，因为你不需要辩解，你的存在，你的姿态，就是最好的一种回答。我现在红了七年，可能我红了十年，当我红了二十年之后，就请你不要再忽视这个现象了，没有一个人可以凭运气红二十年，我希望去坚持，当我红了这么多年之后，请你不要再忽视我。将来有人写中国文学史，绝对避不了郭敬明三个字，他如果避掉郭敬明三个字，这本书就是不公平甚至有缺失的。

励志传承　　人的生命长度相似而浓度各异——郭敬明这样认识人生：你要在别人看得见你的时候风光时尚，那就一定要在别人看不见你的时候辛苦劳累。一个人，能够将自己的生命扩展尽可能宽广的空间，让生命更有价值，那他得到一些财富和认可又有什么可非议的呢？

曾经"一事无成"的父子 ▶▶▶

任何人的过去，只能是过去。而你的未来，掌握在富有魄力的自己手中。

有位叫沃森的美国人，出生于一个贫困家庭，幼年时没读过几天书，17岁就开始打工谋生，向人们推销缝纫机和乐器。好不容易积攒一笔钱，开了一家肉铺，可人心难测，他的合伙人在一个早上把全部资金席卷一空，逃之夭夭。肉铺倒闭，沃森也破产了，他只好重返老本行搞推销。

正当他的事业越来越顺利的时候，一场飞来横祸把他打入人生的谷底。沃森因公司经营问题被控有罪，面临牢狱之灾。虽然沃森交了5000美元的保释金了事，但他的厄运还没有结束。生性多疑的老板对他越来越猜忌，认为他在拉帮结派，结局是被老板扫地出门。在走出公司的那一刻，沃森愤然转身说道："我要去创办一个企业，比这儿还要大！"那一年他已经40岁了，怀里抱着刚刚出生的儿子小沃森。

再说说小沃森，在沃森的严厉管教下，小沃森产生了逆反心理，成为学校有名的坏小子、捣蛋鬼。12岁那年，他买了一瓶黄鼠狼臭腺，当学校师生全体集合时，他打开了臭腺瓶，搞得整个校区臭气熏天。学校对此事做了严肃处理，让他暂时休学。他的小学校长还断言："这个孩子长大了也不会有出息。"另外，在紧张的父子关系下，小沃森从13岁起得了长达6年的抑郁症，还患上了阅读障碍症。用了6年时间，换了3所学校，他才将高中念完，后来勉强上了大学。大学毕业之后，小沃森成为一名推销员，但他将大部分时间都花在飞行和泡妞上。一位客户说："你这样的人一辈子都会一事无成。"

　　看看这些，人们会觉得沃森父子俩糟糕透了，不仅命运多

舛、为人不容，而且还口出狂言、差劲到顶。如果把思维定格于此，那就大错特错了。

只说沃森这个名字，人们可能不熟悉，但如果说"IBM"也就是"国际商用机器公司"，就恐怕无人不晓了！要知道IBM的创始人就是沃森父子俩。

在40岁这年，沃森来到纽约闯荡，生产制表机、计时钟等办公自动化工具，由此踏出了时来运转、迈向成功的关键一步。在他的不懈努力下，几乎所有的保险公司和铁路公司都用上了他们公司生产的制表机，美国政府也向他们发来了订单，沃森被誉为"世界上最伟大的推销员"。

厌倦推销的小沃森后来报名参军，成为一名飞行员，这段经历让小沃森走向成熟。退役后，他回IBM帮助父亲。20世纪60年代，小沃森投入50亿美元，"以整个公司为赌注"，启动了一条全新的计算机生产线，大获成功，使IBM成为计算机界的"蓝色巨人"。那个时候，美国研制第一颗原子弹的曼哈顿计划才用了20亿美元。IBM以其出色的管理、超前的技术和独树一帜的产品，领导着全球信息业的发展。从阿波罗飞船登上月球，到哥伦比亚航天飞机飞上太空，无不凝聚着IBM无与伦比的智慧。1986年，IBM公司年销售额高达880亿美元，雄踞世界100家最大公司的榜首。在领导IBM公司期间，小沃森表现出了他的卓越才能。

有一次，小沃森让一位决策失误使公司损失1000万美元的经理到他的办公室。这人畏畏缩缩进来，小沃森问："你知道我为什么叫你来吗？"这人回答："我想是要开除我。"小沃森十分惊讶："开除你？当然不是，我刚刚花了1000万美元让你学习。"然后他安慰这位经理，而且鼓励他继续冒险。后来，这个人为IBM公司做出了突出的贡献。

　　沃森打破坚冰，开通航道；小沃森继往开来，扬帆远航。沃森父子俩的传奇经历仿佛一部"美国梦"，可能再没有另一对父子像沃森父子那样，共同改变了美国现代商业的面貌。

励志传承　　沃森父子俩都有"一事无成"的过去，但这不是他们全部的人生，沃森在40岁这年开始闯纽约，小沃森在叛逆之后以自己的魄力和领导能力打造了属于自己的商业帝国。这种在人生低谷时暴发出的能量，源自他们不服输的精神，源自他们战胜一切的魄力和勇气。拥有拼搏的精神，就是走出低谷的第一诀窍。

少年行动队

少先队活动：心理健康教育

【活动主题】心理健康教育

【活动背景】现代小学心理专家认为：小学阶段必须把保护小学生的生命和促进小学生的健康放在教育工作的首要位置，树立正确的健康观念，在重视小学生身体健康的同时，更要重视小学生的心理健康。

【活动目的】1.组织学生观看法制教育专题片、法制教育影视片。

2.了解一些有关《未成年人保护法》《预防未成年人犯罪法》方面的知识，以及了解身边的不良因素对人的危害，从而使学生做一个遵纪守法的好学生。

3.让学生懂得促进心理素质提高才是心理健康教育的主要目标。

4.让学生明白心理健康教育是心理素质的教育和培养，是促进学生全面发展的重要方面，是素质教育的具体体现。

【活动日期】_____年_____月_____日

【活动流程】

1.活动准备

(1)《心理健康教育手册》

(2) 心理健康咨询台。

(3) 心理健康教育咨询网站

(4) 利用黑板报的形式，宣传心理健康教育的重要性。

(5) 大屏幕展示心理健康教育。

(6) 办心理健康手抄小报。

2.活动过程

(1) 班主任介绍队会内容。并宣布大会开始。

(2) 中队长讲这次队会的主要目的和意义。心理健康教育可以帮助教师以一种更宽松、更接纳和理解的态度来认识和看待学生和学生的行为，不仅注意到行为本身，更注重去发现并合理满足这些行为背后的那些基本的心理需要；不只是简单地进行是非判断，而是从一种人性化的角度去理解和教育学生。因此，心理健康教育真正体现出了对学生的尊重、一种对"人"的尊重，这是建立相互支持、理解和信任的良好师生关系的前提，也是我们每一位教师在教育实践中面临的重要课题。所以说，心理健康教育是师生的共同责任。

(3) 教师讲解健康教育的重要性。近年来，由于社会发展带来的种种变化，我国学校教育和儿童发展事业受到了冲击和挑战。调查表明，在我国中小学生中间，约1/5的儿童青少年都存在着不同程度的心理行为问题，如厌学、逃学、偷窃、说谎、作弊、自私、任性、耐挫力差、攻击、退缩、焦虑、抑郁等等种种外显的和内隐的心理行为问题。这些心理行为问题不但严重地影响着青少年儿童自身的健康发展，而且也给正常的教育教学工作带来巨大的困扰，直接影响学校教育任务的完成与教育目标的实现。因此，开展心理健康教育是十分迫切的和具有重要意义的举措。

(4) 小组讨论：如何才能做好心理健康教育，我们应该具体怎样做？

(5) 让学生从心理健康教育网站获取信息，增长知识。

(6) 教师总结讲话。

(7) 主题队队会结束。

S trive juvenile

第三章／我身后有一只狼

　　乐观的人相信世界的美好，相信生活的幸福，相信人与人之间的真情，相信没有什么解决不了的困难，相信幸福总是永恒的。只要你坚信一切美好，并认可这个世界是美好的，那么你就自然而然过得快乐。

一次成功就够了 ▶▶▶

如果你发现自己在不断地经历失败，你就应该明白，你正走在通往成功的路上。

有一个人，一生中经历了1009次失败。但他却说："一次成功就够了。"

五岁时，他的父亲突然病逝，没有留下任何财产。母亲外出做工。他在家照顾弟妹，并学会了自己做饭。

十二岁时，母亲改嫁，继父对他十分严厉，常在母亲外出时痛打他。

十四岁时，他辍学离校，开始了流浪生活。

十六岁时，他谎报年龄参加了远征军。因航行途中晕船厉害，被提前遣送回乡。

十八岁时，他娶了个媳妇。但只过了几个月，媳妇就变卖了他所有的财产逃回娘家。

二十岁时，他当电工、开轮渡，后来又当铁路工人，没有一样工作顺利。

　　三十岁时，他在保险公司从事推销工作，后因奖金问题与老板闹翻而辞职。

　　三十一岁时，他自学法律，在朋友的鼓动下干起了律师。一次审案时，竟在法庭上与当事人大打出手。

　　三十二岁时，他失业了，生活非常艰难。

　　三十五岁时，不幸又一次降临到他的头上。当他开车路过一座大桥时，大桥钢绳断裂。他连人带车跌到河中，身受重伤，无法再干轮胎推销员这份工作。

　　四十岁时，他在一个镇上开了一家加油站，因挂广告牌把竞争对手打伤，引来一场纠纷。

　　四十七岁时，他与第二任妻子离婚，三个孩子的心灵深受打击。

六十一岁时，他竞选参议员，但最后落败。

六十五岁时，政府修路拆了他刚刚红火的快餐馆，他不得不低价出售了所有设备。

六十六岁时，为了维持生活，他到各地的小餐馆推销自己掌握的炸鸡技术。

七十五岁时，他感到力不从心，因此转让了自己创立的品牌和专利。新主人提议给他1万股，作为购买价的一部分，他拒绝了。后来公司股票大涨，他因此失去了成为亿万富翁的机会。

八十三岁时，他又开了一家快餐店，却因商标专利与人打起了官司。

八十八岁时，他终于在这一年大获成功，从此，全世界都知道了他的名字。

他，就是肯德基的创始人——哈伦德·山德士。他说："人们抱怨天气不好，实际上并不是天气不好。只要有乐观自信的心情，天天都是好天气。"

励志传承　　人的一生，最终也许只有一次真正的成功，只有这次成功才是你一生最好的总结。哈伦德·山德士到88岁才得到了自己苦苦追求的成功，但是他的奋斗过程、失败过程，就是这次成功的准备，是他能够最终以卓著的成绩被世人记住的必不可少的一部分。

萝卜花 ▶▶▶

女人用萝卜，雕刻出了美丽的月季花，也雕刻出了属于自己的美丽人生。

萝卜花是一个女人雕的，用料是萝卜。她把它雕成一朵朵月季花的模样。花盛开，很喜人。

女人在小城的一条小巷子里摆摊儿，卖小炒。一小罐煤气，一张简单的操作平台，木板做的，用来摆放锅碗盘碟。她卖的小炒只有三样：土豆丝炒牛肉，土豆丝炒鸡肉，土豆丝炒猪肉。

女人三十岁左右，瘦，皮肤白皙，长头发用发卡别在脑后。惹眼的是她的衣着，整天沾着油锅的，应该很油腻才是，她却不。她的衣服干净，外面罩着白围裙。衣领那儿，露出里面的一点红，是红毛衣，或红围巾。她过一会儿，就换一下围裙，换一下袖套，以保持整体衣着的干净。很让人惊奇且喜欢的是，她每卖一份小炒，必在装给你的方便盒里，放上一朵她雕刻的萝卜花。这样装在盘子里，才好看。她说。

不知是因为女人的干净，还是她的萝卜花，一到饭时，女人的摊子前，总围满了人。五块钱一份小炒，大家都很耐心地等待着。女人不停地翻炒，而后装在方便盒里，再放上一朵萝卜花。整个过程，充满美感。于是，一朵一朵素雅的萝卜花，就开到了人家的饭桌上。我也去买女人的小炒，去的次数多了，渐渐知道了她的故事。

　　女人原先有个很殷实的家，男人是搞建筑的，家里很有钱。但不幸的是，在一次建筑事故中，男人从尚未完工的高楼上摔下来，被送进医院，医院当场就下了病危通知书。女人几乎倾尽所有，抢救男人，才捡回半条命——男人从此瘫痪了。

　　生活的优裕不再。年幼的孩子，瘫痪的男人，女人得一肩扛一个。她考虑了许久，决定摆摊儿卖小炒。有人劝她，街上那么多家饭店，你卖小炒能卖得出去吗？女人想，也是。总得弄点和别人不一样的东西吧？于是她想到了雕刻萝卜花。当她静静地坐在桌旁雕花时，她突然被自己手上的美好镇住了，一根再普通不过的小萝卜，在眨眼之间，竟能开出一小朵一小朵的花来。女人的心，一下子充满期待和向往。

　　就这样，女人的小炒摊子摆开了，并且很快成为小城的一道风景。下班了赶不上做菜的人，都会互相招呼一声，去买一份萝卜花吧，就都晃到女人的摊儿前来了。

　　一次，我开玩笑地问女人，攒多少钱？女人笑而不答。一小朵一小朵的萝卜花，很认真地开在她的手边。不多久，女人竟出人意料地盘下了一家酒店，用她积攒的钱。她负责配菜，她把瘫痪的男人，接到店里算账。女人依然衣着干净，在所有的菜肴里，依然喜欢放上一朵她雕刻的萝卜花。"菜不但是吃的，也是用来看的。"她说这话的时候，眼睛亮着。一旁的男人，气色也好，没有颓废的样子。女人的酒店，慢慢地出了名。大家提起萝卜花，都知道是她。

生活，也许避免不了苦难，却从来都不会拒绝一朵萝卜花的盛开。

我身后有一只狼 ▶▶▶

要成长就给自己足够的压力，让自己更加勤奋。

一位名不见经传的年轻人第一次参加马拉松比赛就获得了冠军，并且打破了世界纪录。

他冲过终点后，新闻记者蜂拥而至，团团围住他，不停地提问："你是如何取得这样好的成绩的?"年轻的冠军喘着粗气地回答："因为，因为我的身后有一只狼。"迎着记者们惊讶和探询的目光，他继续说："三年前，我开始练长跑。训练基地的四周是崇山峻岭，每天凌晨两三点钟，教练就让我起床，在山岭间训练。可我尽了自己的最大努力，进步却一直不快。"

冠军又讲了后面的故事。有一天清晨，他在训练的途中，忽然听见身后传来狼的叫声，开始是零星的几声，似乎还很遥远，但很快就急促起来，显然那声音就在身后。他知道是被一只狼盯上了，所以冠军甚至不敢回头，没命地跑着。那天训练，他的成绩好极了。

后来教练问他原因，冠军说他听见了狼的叫声。教练意味深长地说，"原来不是你不行，而是你的身后缺少了一只狼。"后来，冠军才知道，那天清晨根本就没有狼，狼的叫声是教练装出来的。从那以后，每次训练时，冠军都想象着身后有一只狼，成绩突飞猛进。

今天，当冠军参加这场比赛时，他依然想象他的身后有一只狼。所以他成功了。

励志传承　　好的成绩是不断奋斗的结果，但是所有拼命的奋斗都是源于压力。对于这位冠军来说，身后的狼，就是帮助他成功的上帝。懂得给自己压力，才能让自己处于不得不加速奔跑的拼搏状态，只有这种状态，才能够创造出你最好的成绩。

双赢 ▶▶▶

与困难较量，你会成为最后的赢家吗？

我眼前常出现挥之不去的一幕：一位六十开外的男人低头弓腰，身体完全是90度弯曲着，把足有65千克重的妻子稳稳当当地背在背上，迈着沉重的步子在楼梯上攀登！

这对夫妇就住在我楼下。男的双目失明，女的半身瘫痪。他们住在二楼，每次妻子上下楼都需要靠着丈夫坚强的后背，于是两颗心变一颗心，妻子的眼睛也成了丈夫的眼睛。

我搬进这幢楼已三年有余，也去过他们家。女主人性格开朗，张口就笑，声音爽朗而响亮。有时我在楼上都能听到她爆发出来的笑声。这种笑是心里所有的开心来不及释放一下子冲出来的笑，是一种完全彻底的笑，是一种让健康人听了既愉悦又惭愧的笑！

我曾对她说，你的笑是把开心凝聚连同不痛快因子一下子喷发出来的，所以你心里很纯净。她听了又哈哈大笑，点头说是的。她说她有一个无微不至关怀着她的老公，又有一个聪明漂亮的健康女儿，没有什么可让她苦恼的。所以她家里就充满了开心的空气！

她很勤劳，在家里的生活方式就是靠方凳下的四只轮子。她每天从卧室滑到客厅，又从客厅滑到厨房，滑着她的忙碌也滑着她的幸福。可我从未听到她老公开怀大笑的声音，那是因为没有视力的心是一颗宁静的心，他表现出来的快乐就是在脸上浮现出来的淡淡的温存。我多次看到他一手执导盲杆另一手握着女儿放学回家的小手，一脸的甜蜜和满足！

当她见我从楼上下来，忙叫丈夫止步，于是丈夫气喘吁吁地把右半边身子靠在墙上，以减轻妻子压在他身上的重量。第一次相遇，我真是惊呆了：丈夫的身体几乎是匍匐状，两手反向紧紧抱住妻子的双腿，而妻子的两手却轻松地耷拉在丈夫的脖子上，昂头冲我满脸灿烂地笑说对不起，并请我先下楼。

可我的腿僵住了。我想帮助他们，但他们天衣无缝的配合使我无从下手；我想安慰他们，可那女邻居眉开眼笑地问我吃饭了没有，轻松的神态和热情的口吻，让我觉得如果我说出同情或怜悯之类的话，他们一定会以为我莫名其妙。

我一下子觉得自己是多么无聊和渺小！

人的强弱是用外表来衡量的吗？人的幸福是用财富来衡量的吗？其实人生真正的赢家不是老天给了你多少，而是你把上天给你的这些东西运用得风生水起，有滋有味，那才是真正的赢家！

望着这对"重叠"在一起、无所畏惧、朝上攀登的夫妇，我被真正感动了，他们不仅是爱情的赢家，还是生活的赢家！

励志传承

　　要想在困难面前坚强，方法不是"忍"住眼泪，而是你的内心真的能够承受得住！如果你真的坚强，那么你面对困难的时候就不会流泪，而不是用你的坚强来"忍"住眼泪。

　　没有人天生就是坚强的，坚强的人也只是在经历了许多之后，懂得去承担而已。你要变得坚强，就要懂得去经历。当不幸和痛苦真的袭来的时候，第一次很痛；第二次，也许你会好一点；第三次，也许你学会安慰自己了；第四次，也许你开始冷静了……有一天不幸再来的时候，你不再哭泣，而是冷静地思考，微笑着面对。那时，你也已经成为生命中的赢家！

好好挺着 ▶▶▶

作为人，我们就该站直了，好好挺着！

在18岁的时候，我第一次去银行贷款。那年，我刚接到一所师范大学的录取通知书。那时，父亲正病重，已在床上躺了一年。弟妹还小，都在中学读书。于是，我这个长子便在万般无奈之下捏着村里的证明到区银行借钱。

接待我的是位50多岁、头发花白的老伯。他接过我的证明，略微一看，便抬起头细细地打量我。我心中不由惶惑起来。过了好久，他才淡淡地说："你就是那个才考上大学的孩子？"我轻轻地"嗯"了一声，便低头看向自己的脚丫。

那老伯放下手中的证明，摸着花白的头发在窄窄的室内踱起步来。我慌了，心想这回准借不到钱，先前我曾听人说过，现在向银行借钱要先给红包，再给回扣，还要找经济担保人。可是，我哪来的钱给红包，给回扣，又找谁来做担保？我想伸手去拿回

证明，因为我事先已想好：万一借不到钱，我便不去读书而去打工，我不信我不能靠自己的双手来养家。

"别急！"老伯慢慢踱过来，轻轻按住我的手说："你想借多少？"

"起码要3000元。"我知道自己的学费要2000元，弟弟和妹妹至少要600元。

"是的，我三兄妹都读书。"老伯不再说什么，坐在桌边去签写一张票据。

当我捏着一叠钱正准备离开时，那位老伯突然走出来，立在我的面前，目光定定地望着我。然后，他把手用力地搭在我的肩上："小伙子，好好挺着，以后的日子还很长。"那时，正是8月下旬，我望着院外火辣的阳光，再看看手中的钱和那位老伯，泪便滚了下来。

大四时，父亲的病慢慢好了起来。弟弟和妹妹也相继接到大学的入学通知书。那天，又是盛夏，我再次冒着火辣辣的太阳去那家银行借钱。我的贷款已高达万元，银行的领导不想借了，让我往别处想办法。

可是，让我去哪儿想办法呢。无奈之下，我找到了那位曾给我签过借据的老伯。他没说什么，将我带到银行主任那儿说："借给他吧，我担保。"我的鼻子一酸，泪再一次流了出来。我知道，这万元巨款若用自己毕业后那三四百元的工资，就是等到猴年马月也还不清，我更知道，那时候银行将会对提供担保的人采取一定的措施。但没容我想下去，老伯便牵着我走了。他又一次拍拍我的肩："小伙子，好好挺着，以后的日子还长着呢。"

　　是的，以后的日子还长，我该好好挺着。几年前的某天，当我和弟弟妹妹一起还清最后一笔贷款时，这个信念又一次坚定起来。是的，不管日后的路途如何艰险，不管生活的风雨如何鞭打我稚嫩的双肩，我都不会退却。就为那些鼓励我"好好挺着"的人们，我也要选择坚强，好好地挺着。

励志传承

　　人生就如牌局，只不过发牌的是上帝。不管你名下的牌是好是坏，你都必须拿着，你都必须面对。你能做的，就是让浮躁的心情平静下来，然后认真对待，把自己的牌打好，力争达到最好的效果。当我们拿着一手差牌时，还不如把那埋怨命运不公的时间用来打好手中的这副牌。

人穷还是心穷 ▶▶▶

人穷可以努力去挣钱，但是心穷就会无药可救。

从前有一个穷人和一个富人。那个富人很富有，每天回家下车时，都见一个穷已至极的要饭人，守在路边。那个要饭的人浑身污头垢面，用毫无生气的眼神望着路过的每一个人。

那富人开始理也不理，邻人都说这富人心不慈善。富人说："我这样恰是慈善，他站在这要饭，越是要得着，越不想去致富，因为他还活得下去，富人都是被穷逼出来的。"富人不禁回忆起自己的事业开始时的那种状况，简直比乞讨还要艰难。

邻人摇头，说富人站着说话不腰疼，穷人没路，有了路自会去谋生。富人说："那好，那咱试试看。"

第二天富人下车，走到要饭的跟前，给他三张大票，说："我最初就是300元钱做小买卖起家，现在同样给你这么些钱，你自己去谋生，干点什么吧，别在这乞讨了。"

穷人见钱眼开，满口应诺，从此半个月没见。邻人正以为富人这钱给对了的时候，那穷人把钱花完又回来了，还是站在原来的位置，伸出乞讨的手。

邻人从此再也不会说富人的心不够慈善，富人也再没有救助过那个不思进取的穷人。

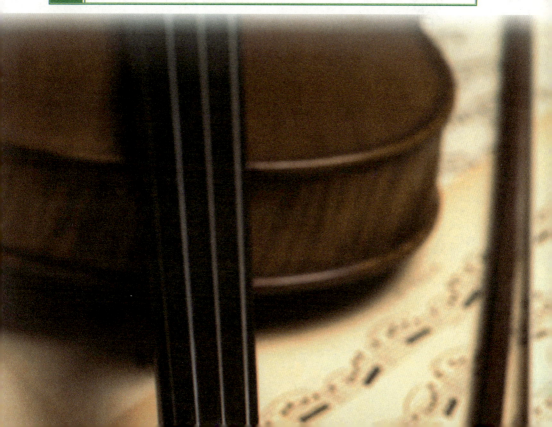

永远不要轻易说不可能 ▶▶▶

一片被干旱统治的土地上，人类用智慧打败了自然。

智利北部有一个叫丘恩贡果的小村子，这里西临太平洋，北靠阿塔卡玛沙漠。特殊的地理环境，使太平洋冷湿气流与沙漠上的高温气流终年交融，形成了多雾的气候，可浓雾丝毫无益于这片干涸的土地，因为白天强烈的日晒会使浓雾很快蒸发殆尽。

一直以来，在这片被干旱统治的土地上，看不到绿色，没有一点生机。

加拿大一位名叫罗伯特的物理学家在进行环球考察时经过这片荒凉之地，之后他住进村子。不久，他发现一种奇异的现象，这里除蜘蛛外没有其他任何生物。这里处处蛛网密布，蜘蛛四处繁衍，生活得很好。为什么只有蜘蛛能在如此干旱的环境里生存下来呢？这引起了罗伯特的极大兴趣。借助电子显微镜，他发现这些蜘蛛具有很强的亲水性，极易吸收雾气中的水分。而这些水分，正是蜘蛛能在这里生生不息的源泉。

在智利政府的支持下，罗伯特研制出一种人造纤维网，选择当地雾气最浓的地段排成网阵，这样，穿行其间的雾气被反复拦截，形成大量水滴，这些水滴滴到网下的流槽里，经过过滤、净化，就成了新的水源。

如今，罗伯特的人造蜘蛛网平均每天可截水1.058万升，而在浓雾季节，每天可截水13.1万升，不仅满足了当地居民生活之需，而且还可以灌溉土地，让这片昔日满目荒凉、尘土飞扬的荒漠，长出了鲜花和青绿的蔬菜。

永远不要轻易说不可能。这世界上，从来没有真正的绝境，有的只是绝望的思维，只要心灵不曾干涸，再荒凉的土地，也会变成生机勃勃的绿洲。

励志传承

在智利北部的这块土地上，本身就蕴藏着无限的生机，人们之所以一直把它称之为绝地，是因为没有人仔细去思考，很多人也太畏惧绝境。在物理学家把自己的显微镜对准绝地中唯一的生命时，绝地本来的样子也就展现出来了。任何时候，面对不可能，都不要妄自下定论。

困境即是赐予 ▶▶▶

一个障碍，就是一个新的已知条件，只要愿意，任何一个障碍，都会成为一个超越自我的契机。

有一天，素有森林之王之称的狮子，来到了天神面前："我很感谢你赐给我如此雄壮威武的体格，如此强大无比的力气，让我有足够的能力统治这整座森林。"

天神听了，微笑地问："但是这不是你今天来找我的目的吧！看起来你似乎为了某事而困扰呢！"

狮子轻轻吼了一声，说："天神真是了解我啊！我今天来的确是有事相求。因为尽管我的能力再好，但是每天鸡鸣的时候，我总是会被鸡鸣声给吓醒。神啊！祈求您，再赐给我一个力量，让我不再被鸡鸣声给吓醒吧！"

天神笑道："你去找大象吧，它也许会给你一个比较满意的答复的。"

狮子兴冲冲地跑到湖边找大象，还没见到大象，就听到大象跺脚所发出的"砰砰"响声。

狮子加速地跑向大象，却看到大象正气呼呼地直跺脚。

狮子问大象："你干吗发这么大的脾气？"

大象拼命摇晃着大耳朵，吼着："有只讨厌的小蚊子，总想钻进我的耳朵里，害我都快痒死了。"

狮子离开了大象，心里暗自想着："原来体型这么巨大的大象，还会怕那么瘦小的蚊子，那我还有什么好抱怨的呢？毕竟鸡鸣也不过一天一次，而蚊子却是无时无刻地骚扰着大象。这样想来，我可比它幸运多了。"

狮子一边走，一边回头看着仍在跺脚的大象，心想："天神要我来看看大象的情况，应该就是想告诉我，谁都会遇上麻烦事，而它又无法帮助所有人。既然如此，那我只好靠自己了！反正以后只要鸡鸣时，我就当作鸡是在提醒我该起床了，如此一想，鸡鸣声对我还算是有益处呢！"

> **励志传承**　世界是公平的，给予你一些时，必定拿走一些，就像巨象也要受到小蚊子的骚扰一样，但每个困境都有其存在的正面价值，就像鸡鸣是提醒狮子起床的信号一样。学会心平气和地接受生活，学会自立自强地生活，就是成长过程的两个重要步骤。

懂得选择方法更容易成功 ▶▶▶

条条大路通罗马，无论是学习，还是生活，好成绩对于任何一个人来说都是一个固定的终点，重要的是你懂得走自己最熟悉的那条路。

他出生在美国新泽西州一个贫穷的外来移民家庭。从小他是个腼腆内向的孩子，和他一样大的孩子都不喜欢和他在一起玩，因为他什么也不会。

每次考试，他都是倒数第几名。老师不想让他回答问题，因为他总是羞涩地说不知道。大家认为他是笨蛋，是个白痴。伙伴们嘲笑他，说他永远和失败在一起，是失败的难兄难弟。邻居们说，这个孩子将来注定一事无成。父母听到这样的话，暗暗为他担心。

他努力过，可是收效甚微，自己在学业方面取得的进步近乎为零。但是，他还是在不断加班加点苦读。每天，他醒来后都害怕上学，害怕被嘲笑。周末，他坐在自家的门前，看着草地上喜笑颜开的男孩子们，感到自己的未来一片渺茫。时间在一天天地流逝，而学校也在考虑着劝其退学。

一次，他看到一个老人为了一张被老鼠咬坏的一美元钞票而痛哭不已。为了不让老人伤心，他悄悄回家将自己平时积攒的硬币换成一张一美元的钞票，交给了老人，说，这是他用魔法变回来的。老人激动不已，说他是个善良聪明的孩子。

父亲知道这件事后，认为自己的孩子还不是个笨到家的人。接下来的这天，是他永远不会忘记的。

父亲要带他出门，目的地是波士顿。他说，我们坐汽车可以到达。父亲说，那我们坐汽车吧。可是，在中途的一个小站，父亲下车买东西忘记了汽车出发的时间。就这样，汽车在他喊叫声中呼啸而去。他很害怕，心想这下怎么办，没有汽车，父亲怎么

能到波士顿呢？波士顿汽车站到了，他下车时却看到父亲正在不远处等着他。他快速跑了过去，扑进父亲的怀抱，诉说一路的忐忑不安，害怕父亲到不了波士顿，并惊讶父亲是如何到达的。

父亲说，我是骑马来的。

是这样的啊！他惊讶不已。父亲说，只要我们能到达目的地，管它用什么方式呢，孩子，就像你学业不成功，并不代表你在其他方面不能成功，换一种方式吧！此时，他猛然醒悟。

随后，他看到很多人为了自己的理想不能实现而痛苦不已，就想假如自己用魔法帮助他们实现，即使是假的，但起码从精神上减轻了他们的痛苦。

从此，他对魔术表现出浓厚的兴趣，并开始跟随一些魔术师学习魔术。

他克服了心中的怯懦，为自己的梦想开始奋斗。他为了实现自己的梦想而进行的努力受到了父母的鼓励。教他魔术的老师发现他在这方面具有很高的悟性，学东西很快，而且每次在原有的基础上都能创新。很快老师的技巧便被他学光了，他不得不换老师。就这样，短短的两年时间里，他换了四个魔术老师。他就是大名鼎鼎的魔术师大卫·科波菲尔，一个匪夷所思的成功人士。

有人问他是怎么成功的，大卫·科波菲尔说，父亲告诉我，成功对我们来说好比是个固定的车站，我们在为怎么到达而绞尽脑汁，大家都在争夺汽车上的座位，没有得到座位的人不得不等下一班汽车，可是，为什么我们不能骑马或者乘轮船去车站呢？这样，我们不是也到达了吗？只不过我们换了一种方式。最后，大卫·科波菲尔又说，后来我知道，这一切是父亲安排好的，其实那个小站离波士顿很近，骑马竟然比坐汽车还快，所以父亲到得比我还要早。道理浅显易懂，可是真正理解它，并付诸行动的人却少之又少。

亲爱的朋友们，当你发现不断努力仍然不能取得成功时，你是否可以告诉孩子换一种方式呢？如果你这样做了，说不定你会离成功更近。

励志传承

一个人，要想达到自己的目标，除了坚持和勤奋，更应该懂得选择方法。对于一个人来说，想要成才，你可以从自己更习惯、更顺手的地方学起，有些人不懂得遣词造句，却可以用乐曲谱写华章。大卫·科波菲尔在学校被称为愚蠢的孩子，却可以在学习魔术时展现天分。求知的路，千条万条，重要的是你懂得选择属于自己的那一条通向成功的路。懂得选择正确的方法，是学习愉快的关键，也是取得成功的关键。

穷人的孩子早当家 ▶▶▶

当你为贫穷的生活而不断埋怨时，你不妨换个角度去欣赏贫穷，你会发现，只要你懂得利用，贫穷就是成功前夜的那颗明星。

当"大鲨鱼"奥尼尔一次又一次站上NBA领奖台时，他总会想起往昔：孤独无助的幼年，青涩无知的青年……

从小被生父抛弃，为减轻家庭压力，他到"麦当劳"炸薯条打短工、当"钟点工"为婴儿换尿布……"鲨鱼爸爸"的绰号，由此而来。

1972年3月6日，奥尼尔出生在新泽西纽沃克。妈妈卢西·哈里森是个单身母亲。奥尼尔出世后，母子俩吃了几个月政府救济，不久之后，卢西终于在市政厅找到一份收入微薄的工作。当奥尼尔两岁时，她结识了一位叫哈里森的男子，那是一个带着两个孩子的单身父亲，于是一个新的家庭组成了。

或许因为身世特殊，奥尼尔从小就懂事。继父哈里森是好人，但他也不富裕。为了养家糊口，他常没日没夜地去开长途货车。家里的冰箱通常是空的，一日三餐是永远不变的三明治加鸡肉。然而这一切却并未遏制住小奥尼尔的疯狂长势。

家境不宽裕，奥尼尔就想方设法为爸爸妈妈减压：他试着去麦当劳当短工，他的活是炸薯条，几天过后，一闻到油味，奥尼尔就想吐。后来，他又给人当钟点工"保姆"，专给人带孩子，无论是逗乐、喂食还是换尿布，小奥尼尔样样在行。

事实上，虽然个高块大，但是奥尼尔的篮球天赋很晚才显露。高二他甚至无法入选校篮球队，理由是他不会灌篮。路易斯安纳大学的戴尔·布朗成为了奥尼尔篮球生涯中的一个决定性的关键人物。

第一次遇到布朗，奥尼尔向他请教如何灌篮。由于看到奥尼尔穿着继父当兵时的军装，布朗随口一问："老兄在什么地方服役？"奥尼尔回答说："我才14岁。"布朗惊讶地睁大了眼睛，随后就找他父母。在布朗的影响下，奥尼尔开始对篮球真正关注起来，训练更刻苦了，也开始花钱去看NBA比赛，当时他看得最多的是圣安东尼奥马刺的比赛。

让奥尼尔至今难忘的，是一次看尼克斯的比赛，因为那次比赛，哈里森咬牙给他买了件昂贵的球衣。"那是我得到的第一件NBA纪念品，当时那件球衣的价格，是全家好几天的生活费。"继父的善待和鼓励，让奥尼尔发誓要成为NBA一流高手。

在遇到戴尔·布朗之后的第三个年头，奥尼尔顺利地步入了路易斯安纳大学的门槛，1992年奥尼尔成为了NBA状元，并与魔术签下了7年410万美金的合同，这张新人合同创下了当时的NBA

新纪录。

　　那年，奥尼尔不过19岁。日后的奥尼尔逐渐在NBA殿堂当中呼风唤雨，在湖人队多次率队夺得NBA总冠军，个人也获得了无数荣誉，奥尼尔作为NBA一个具有时代意义的伟大中锋将会被载入史册。

励志传承	从贫穷困顿的生活走到现在的辉煌，奥尼尔经历了别人无法想象的生活磨难，但这就是成功的必经之路。这样的生活经历，可能会让很多人惊讶，但对于奥尼尔来说却是生活留给他的财富。鲜花靠汗水浇灌，那些甜甜的胜利滋味，是靠苦苦的辛酸酿造的。

我什么都不怕 ▶▶▶

给自己奋斗的勇气，你便可以勇往直前。

大学的暑假，她和两个师兄去了敦煌莫高窟。他们每天去洞里参观，下午4点景点关闭后，两个师兄就背着摄影包出去采风，只有她无所事事，百无聊赖。当地夏天的白昼极长，晚上10点仍有自然光，她便打算利用下午时间，去看看向往已久的沙漠，但每次提出来都遭到师兄反对："你别胡闹了，要去也得哪天早上一起去。"也没人告诉她，为什么下午不能到沙漠去。

一连好几天，终于抵挡不住沙漠的诱惑，她决定单独行动。她心想，你们不让我进沙漠，无非是担心天黑了，怕我一个人走丢，我才没那么笨呢。她向当地人借了一个手电筒，装干电池的那种，足有半米长，两头有带子可以背在身上，挺沉，仿佛一杆长枪。有了这件"超级武器"，她顿觉信心倍增。

那天下午，一切准备就绪。她头戴破草帽，肩上交叉斜挎着手电筒和水壶，胳膊上绑着湿毛巾，还带了一把短刀和一盒火柴，像个全副武装的战士。临走前，她特意给两位师兄留了个小纸条："我去沙漠了，你们不用担心，我什么都不怕，我带手电了。"然后，她满怀信心，顶着烈日独自出发了。

刚进入沙漠，胳膊上的湿毛巾就开始冒出白雾，此时气温高达40度，但她已被另一番景象吸引。天空是明艳的蓝，地上是耀眼的黄，相互交错辉映，如梦似幻。金灿灿的阳光，像大把大把的金属末，唰唰地抛洒下来，落地成金。一望无垠的沙丘，一尘不染，一脚踩下去，"哗"地溢出一片流沙，然后刻下一个深深的脚印。沙漠如此古老，而自己如此年轻，她不由得心潮澎湃，豪情万丈，感觉是去赴一个千年之约。她丝毫没有察觉，危险正悄悄袭来！

天快黑了。她突然感觉身上凉飕飕的，环顾四周，天空已变成了一口大锅，笼罩四野，四面八方的沙丘竟然一模一样。她本来是顺着一条干涸的河道进来的，此刻别说河道找不着了，就连东南西北都分不清了。正迟疑间，她浑身又一阵哆嗦，此时气温迅速下降了30多度，一下子从火炉掉进了冰窟，而她身上只穿着牛仔短裤和小背心！

求生的本能，让她暂时忘掉了恐惧。她再不敢随意走动，只能等到天亮再说，当务之急就是生火取暖，否则会被活活冻死。沙漠里只有一种蕨类植物骆驼刺，她拿出短刀，拼命地连挖带扒，双手被刺得鲜血淋漓。好不容易挖出一大堆骆驼刺，拿出火柴点火，却怎么也点不着，火柴只剩下了小半盒！这时，她想起身上还有一条毛巾，又把毛巾垫在底下引火，终于点燃了骆驼刺。她手握着短刀，一会儿烤火，一会儿又去挖柴火，丝毫不敢松懈。

一直忙到快天亮，两个师兄顺着火光找来，终于发现了她。上来就是一顿臭骂："你这个傻丫头！你知道沙漠有狼吗，你知道沙丘会平移吗，你知道沙尘暴吗，你知道沙漠的日温差有30多度吗……"她什么都不知道，也闻所未闻，顿时吓得脸色苍白，连连摇头。

"你不是说，你带了手电吗，有用吗？"她猛然想起，手电还背在身上，别说用，连摸都没摸过。而她当初正是仗着这个手电，才敢孤身勇闯沙漠的，哪曾料想，真正到了紧要关头，其他东西都起了作用，唯独手电毫无用处。简直是个笑话，好在有惊无险。

你不一定能猜到，这个年少莽撞的"傻丫头"，就是于丹。那天在电视上，听她讲起这段沙漠历险记，我也忍不住大笑。不过，故事还没结束。

于丹硕士毕业后，被分配到一个叫柳村的地方工作。那里地处偏僻，条件异常艰苦，她感到前途渺茫，一度消沉沮丧，萎靡不振。

一天，她忽然收到一封奇怪的来信，不见抬头、落款，只写了一句话："我什么都不怕，我带手电了！"不用问，信是师兄写的。直到七年之后，她终于明白，当年那个手电，其实是有用的，它的作用不是用来照明，而是给了自己独闯沙漠的勇气和信心，让自己无所畏惧，勇往直前。"是啊，我连沙漠都闯过来了，柳村又有什么可怕的呢？"她重新振作起来。

否则的话，今天在央视《百家讲坛》上讲《论语》的，恐怕就不是于丹了。

实际上，向前跨出一步并不难，难的是，你是否有跨出去的勇气。

逆境中的求学之路 ▶▶▶

在求学的道路上，他比别人走得艰辛，但是他坦然面对，因为他在精神
上，是一个强者。

那是1982年，洪战辉出生在河南省周口市西华县东夏镇
洪庄村。在12岁之前，洪战辉和众多农村的男孩一
样，有着一个天真烂漫的童年，父亲、母亲、弟弟、妹妹和他共
同组成的家庭，尽管生活很艰苦，但也很幸福。

1994年8月底的一天，生活跟洪战辉开了个天大的玩笑，他
的人生之路从此转弯。

那天中午，洪家发生了一件震惊全村的事儿——洪战辉的父
亲洪心清突然发疯，不但把家里的东西都砸坏了，还殴打自己的
妻子。洪战辉的妈妈看到这种情况，赶紧去叫人帮忙把洪心清送
到医院。但是慌忙之中，却把只有1岁的小女儿留在了屋内。等
大家赶到时，1岁的妹妹已经被爸爸摔在了地上，送到医院时，

已经没救了。就是这一年，洪心清得了间歇性精神病，妹妹也永远离去了。

而此时的洪战辉，正上小学五年级，还不满12岁。这年的腊月二十三，疯疯癫癫的洪心清临近中午还没回家吃饭，洪战辉就和妈妈一起去找，在离村5里地的一棵树下，父亲不知从哪儿捡回一个被遗弃的女婴抱在怀里，眼光里透出一种父爱。

无奈之下，天快黑的时候，一家人把孩子抱回了家。洪战辉一抱上小女孩，小女孩就直往他怀里钻，他想起了妹妹。洪战辉给女婴起名叫洪趁趁。

1995年8月20日，吃过午饭后，母亲不停地忙着蒸馒头，直到馒头足以让一家人吃一周之后，她才停了下来。第二天，母亲不见了。她不堪家庭重担和疯丈夫的毒打，选择了逃离。

"娘，你去了哪里？回来吧……"弟兄俩的哭声在暮色中飘了很久。他们不想这样失去母亲，不想失去生活的依靠，洪战辉哭喊着和弟弟四处寻找妈妈，夜已经深了，娘那天没有回家。

似乎一夜之间，13岁的洪战辉便突然长大了。他稚嫩的肩膀开始接过全家生活的重担：抚养幼小的洪趁趁，伺候病情不稳定的父亲，照顾年幼的弟弟，寻找出走的母亲。

此时，洪战辉已到西华县东夏镇中学读初中，学校离家有两三千米。每天上学的时候，怕患病的父亲伤害小妹妹，他就把小趁趁交给自己的大娘照看，放学回到家里，再忙着准备全家人的饭。小妹妹需要吃奶，无奈，洪战辉只得抱着女婴向附近的产妇们讨奶吃。天天讨奶也不是办法，洪战辉开始学着卖鸡蛋、卖冰棍挣钱买奶粉喂养妹妹。

从此，他开始靠自己的能力照顾妹妹整整12年！高中时，因为家庭的重担，他一度辍学，但是他不甘心放弃学业，在他的努力下，他以490分的成绩被湖南怀化学院录取。可5200元的学费和要照顾妹妹让他很是为难！利用暑假，他打工挣了2000元，决定先到湖南看看，把妹妹托付给了大娘。

大学新生报到当天，他交了1500元学费后，就干起老本行做了"小商贩"。当他看到许多报到的新生纷纷向家里打电话时，就四处打听，寻找电话卡的销售渠道。他找到一位电话卡销售商那里，把身上仅有的500元全部购买了电话卡，当天晚上就卖出了几十多张，两三天下来就净赚了好几十块钱。

为了挣钱，洪战辉可谓想方设法，后来他还逐渐代理了步步高复读机、电子词典和丁家宜化妆品在湖南怀化学院的总经销，他还"垄断"过学校19栋学生宿舍楼的纯净水供应、电话机的安装等。

2004年春节，洪战辉回到河南老家，看到失学在家的小妹，非常愧疚。"无论如何，不能再让妹妹辍学，我要带着妹妹上大学！"洪战辉暗下决心。

回到怀化后，洪战辉开始为小趁趁联系学校。终于有一天，当他到鹤城区石门小学找校长提出妹妹插读的请求时，校长同意了。

当社会各界知道洪战辉的情况后，不少人愿意提供财力、物力的帮助，但被他谢绝了："不接受捐款，是因为我觉得一个人自立、自强才是最重要的。我现在已经具备生存和发展的能力，这个社会上还有很多处于艰难中而又无力挣扎出来的人们，他们才更是我们现在需要帮助的。"

洪战辉高兴地说：考入大学后，每年春节回家，都能欣慰地看到久病的父亲病情大有好转；2004年年底，母亲也感到了愧疚，回到了久别的家中；在外漂泊多年的弟弟现在也有了消息。我作为普通人，还会一如既往地去做我该做的事情，去尽我该尽的义务和责任，平和、静心、无悔、无愧地走完这一生。

116

主题班会：新学期，我能行

【活动主题】 "新学期，我能行"

【活动目的】 1.增强学生自信，使学生懂得，只要通过自己的努力，就一定能成功。

2.在活动中感受到成功的喜悦。

3.做好切实可行的学习计划。

【活动日期】 _____年_____月_____日

【班级人数】 _____人

【缺席人数】 _____人

【活动流程】

1.课前准备：

(1) 黑板上写好班会主题："新学期，我能行"

(2) 对班会中的节目要适当排练。

2.从一些话题入手（话题自定）引出班会主题"新学期，我能行"。

3.讲述张海迪的故事：活着就要做个对社会有益的人

(1)讲故事：

张海迪：活着就要做个对社会有益的人

张海迪，1955年秋天在济南出生。5岁患脊髓病，胸以下全部瘫痪。从那时起，张海迪开始了她独特的人生。她无法上学，便在家自学完成中学课程。15岁时，海迪跟随父母，下放（山东）聊城农村，给孩子当起教书先生。她还自学针灸医术，为乡亲们无偿治疗。后来，张海迪自学多门外语，还当过无线电修理工。

在残酷的命运挑战面前，张海迪没有沮丧和沉沦，她以顽强的毅力和恒心与疾病斗争，经受了严峻的考验，对人生充满了信心。她虽然没有机会走进校门，却发愤学习，自学完成了小学、中学全部课程，自学了大学英语、日语、德语和世界语，并攻读了大学和硕士研究生的课程。1983年张海迪开始从事文学创作，先后翻译了《海边诊所》等数十万字的英语小说，编著了《向天空敞开的窗口》《生命的追问》《轮椅上的梦》等书籍。其中《轮椅上的梦》在日本和韩国出版，而《生命的追问》出版不到半年，已重印3次，获得了全国"五个一工程"图书奖。在《生命的追问》之前，这个奖项还从没颁发给散文作品。

张海迪怀着"活着就要做个对社会有益的人"的信念，以保尔为榜样，勇于把自己的光和热献给人民。她以自己的言行，回答了亿万青年非常关心的人生观、价值观问题。邓小平亲笔题词："学习张海迪，做有理想、有道德、有文化、守纪律的共产主义新人！"

张海迪现为全国政协委员，供职在山东作家协会，从事创作和翻译。

(2)组织讨论：说说张海迪能够成功的原因。

3. 小品表演：考试

(1)谈话：生活中有些人因为自己不努力，闹出了不少的笑话，值得我们同学们深思，请看表演。大概内容如下：

考场中，大家都在聚精会神地考试，只有小路东看看，西瞧瞧，嘴里不停地念叨着："这太难了，怎么做啊？""老师也专和我过不去，就出一些判断、选择的，让我一个字也写不出，这可怎么办呢？"

"有了！"小路从裤兜里掏出一枚硬币，"我会做了，如果正面朝上，我就打√；如果反面朝上，我就打×，不会错的。上天一定会帮助我的！"于是小路一边掷硬币一边做题，一下子十道判断题做完了。

开始做选择题了，小路又傻了，"每道题有四个答案，这可怎么办呢？"小路痛苦地抓着脑袋。"有了，真是天助我也！"小路跳起来，他又从裤兜里掏出一粒骰子，"我扔骰子，现什么号码我就填什么！"他一边掷，一边写："2"、"1"、"4"、"6"……

"哈，终于做完了！"小路得意地向同学们做着鬼脸，走上讲台，把试卷交给了老师。

下午放学，小路带着试卷回家。他推开门，爸爸正坐在沙发上吃苹果。爸爸问他："小路，考得怎样？"小路正想跟爸爸说话，顺口说着："爸，12分。""82分，不错，不错，你真是个好孩子。""快，宝贝，把试卷给爸爸看看！"小路慢腾腾地从书包里拿出试卷把它递给了爸爸。"什么？才12分？这是怎么回事，不是82分吗？""我刚才是说：'爸，12分。"小路慢慢地说。爸爸气得把试卷翻来翻去，"你看这道选择明明没有6这个答案，你为什么选6呢？""骰子出现的是6嘛！""什么，你靠掷骰子做题！真是气死我了！看我不打死你！"爸爸满屋追着小路……

(2) 组织讨论：从这个小品中你懂得了什么？

4. 制订本学期"我自信、我能行"学期计划表。

【活动总结】

通过队会活动，使队员们更加相信自己，在"新学期，我能行"的体验教育活动中，发挥自己的聪明才智，展示自己的体验成果和个人风采。学人所长，补己之短，用自己勤劳的双手去创造金色的未来。

Strive juvenile

第四章/奋斗是件具体的事

　　对于盛开在温室里的花朵来说，外面的风霜雪雨都是可以致命的灾难；而对于傲立在风雪中的梅花来说，风雪是它展现魅力的最好契机。自立自强不是口号，是一点一滴的行动。失败的时候，懂得振作，这就是成长中的自强。

聋子青蛙 ▶▶▶

一只聋子青蛙是如何成为所有青蛙中的胜利者的呢？

从前，有一群青蛙组织了一场攀爬比赛，比赛的终点是：一个非常高的铁塔的塔顶。

一大群青蛙围着铁塔看比赛，给它们加油。

比赛开始了。

老实说，群蛙中没有谁相信这些小小的青蛙会到达塔顶，它们都在议论：

"这太难了！它们肯定到不了塔顶！"

"它们绝不可能成功的，塔太高了！"

听到这些，一只接一只的青蛙开始泄气了，除了那些情绪高涨的几只还在往上爬。

群蛙继续喊着：

"这太难了！没有谁能爬上顶的！"

越来越多的青蛙累坏了，退出了比赛。但，有一只却还在越爬越高，一点没有放弃的意思。

最后，其他所有的青蛙都退出了比赛，除了一只，它费了很大的劲，终于成为唯一一只到达塔顶的胜利者。很自然，其他所有的青蛙都想知道它是怎么成功的。

有一只青蛙跑上前去问那只胜利者它哪来那么大的力气爬完全程，它发现这只青蛙是个聋子！

正因为听不到旁人的议论，只坚持自己目标，不可能的事才会实现。

<table>
<tr><td>励志传承</td><td>正因为它是一只聋子青蛙，所以它没有听见其他青蛙悲观的话，一直坚持自己的梦想，成为最后唯一的胜利者。

永远不要听信那些习惯消极悲观看问题的人，因为他们只会粉碎你内心最美好的梦想与希望！要记住你听到的充满力量的话语，因为所有你听到的或读到的话语都会影响你的行为。</td></tr>
</table>

坚强才能成功 ▶▶▶

年轻的时候学会坚强，年迈的时候才可以饱尝甘甜。

在美国有这样一件事：有一位青年在一家公司做得很出色，他为自己描绘了一幅灿烂的蓝图，对前途充满了信心。突然，这家公司倒闭了，这位青年认为自己是世界上最不幸、最倒霉的人，他垂头丧气。

这时，他的经理，一位中年人拍了拍他的肩说："你很幸运，小伙子！""幸运？"青年人叫道。"对，很幸运！"经理重复一遍，他解释道，"凡是青年时候受挫折的人都很幸运，因为你可以学到如何坚强。如果一直很顺利，到了四五十岁，忽然受挫，那才叫可怜，到了中年再学习，实在是太晚了。"

在我的身边也有这样一位同学：在她很小的时候，她的父母就去世了，她成为了孤儿。这使她过早地承受着生活的压力，承受着别的孩子不曾有过的痛苦，也承受着她不平凡的经历。自从她失去双亲后，在亲人的帮助下，她勉强地读完了初中，然后就参加了工作，并且得到了一份还算不错的工作。

她在那里完全可以找到自己的幸福，但她没有，她开始追逐着自己的梦想。不顾冷眼嘲讽，自学了许多科目，并参加了自考，学会了电脑，学了财会、法律等。这些科目都已经合格了，而且在她临时工作的单位里是最好的。但这一切并没有让她满足。一边工作，一边学习，终于皇天不负有心人，在2003年她考取了我校的本科专业。

多么让人不可思议的事啊！要知道，在她的背后付出了多少辛酸和泪水啊！已离校6年再来考大学，谈何容易啊！难道这一切都不需要勇气和坚强的信念吗？

励志传承

这样两个例子都告诉我们一个道理：没有过失败，没有过挫折，就不可能有成功。背后没有付出的辛酸和泪水，没有什么都不怕的勇气和坚强的信念，成功又谈何容易。

成功在彼岸，失败跌倒之后，迅速爬起，以坚强为舟，我们才能抵达！

逼出来的坚强 ▶▶▶

当外甥女投奔而来时，他选择了冷酷对待。

去年年初，姐姐打来电话，说要把女儿送到北京。孩子才十七岁，大约是因为高考无望吧，姐姐不想让她就此待在农村。她说："不想让她和我一样。"

外甥女进京，我没有去接她，她是哭着找到我家的，找到的时候，天都黑了。后来姐姐说，孩子上火车时是哭着走的。

我让外甥女自己玩了两天。两天时间，她给自己买了4件衣服。第三天我问她还有多少钱，她说还有一百多块。我告诉她："你可以在一天之内把所有的钱花光，但后天的钱，你得自己去挣，我不会给你一分钱。"她听后睁大了眼睛。我问："你到北京来干什么？"她说："就是想找个工作。"这样说的时候，她的眼神里开始有了忧郁。

第四天，我通过朋友给她找了个临时工作。然后，她就上班去了。十天之后，她的心情开朗起来，当她一个月后拿到工资的时候，已经变得很活跃了。正在这个时候，我叫那位朋友开除了她。朋友很直接地对她说："你不能胜任这份工作，你舅舅的面子也只值一个月。"外甥女一夜无话，她的沮丧我是知道的。第二天，她的眼睛红肿。我说："你现在可以选择回家种田。"外甥女摇头，眼泪横流。

"那么念书呢？"我问。她还是摇头。我又问，"那你觉得你现在能做些什么呢？"她说："我不知道。""那你将来最想做的是什么呢？"她说："想开个店。"

"那好。"我说，"你现在就去买报纸，报纸会让你首先找到工作，你目前最大的任务是糊口，你知道，我不会给你一分钱。"她再一次瞪大眼睛看着我。

不久，外甥女找到一份导购的工作，她回来跟我说时，我摇了摇头。

一个多月后我出差，十一天后当我回来时，外甥女哭诉：她想死我了。我皱眉，问她为什么。她说，说不出来，就是心里空落落的。

第二天，我给她租了房子，让她搬出去住，离我较远。我跟她说："在北京，你没有舅舅，今天有，明天不一定有；今年有，明年不一定有。人生是无常的，你赤条条来到人世本无依靠，要学会坚强，自己的路，一个人去走。"她听完后，表情极为复杂。

两个多月后，她再次失业，来到我家时，人很消沉，说："想挣一份工钱真不容易。"

我说："你失业，我祝贺你。"她惊诧地看我。我说："其实你已获得比钱更珍贵的东西。"

第二天，我带她到地铁站口，我跟她说："对面就是现代城，是中国人均工资最高的商务区，这边暂时还是贫民区，你就在这里站一天，看人，尽量多地看人，记住，思考最重要。"

晚上回来她跟我说"人和人是不一样的，有穿皮鞋的也有擦皮鞋的，有做饭的也有讨饭的。我不知道卖玉米棒子的一天能挣多少钱，但我能算出来他们一天要花多少钱：租房、吃饭、坐车、买玉米，一天至少要花20块钱！看他们的神色，他们这样的生活能生存！"

我点了点头，并把乞丐和卖玉米的做了一点比较，我说："卖玉米的商业成本一天大概是一百块钱，而乞丐的商业成本是每天都要付出他的尊严！"

我还是让她多看报纸。两天后，外甥女又找到了新工作。

四个月后，她来吃饭。她高兴地告诉我，她已存了4000块钱了，想都不敢想自己能有这么多钱。我笑着问她："这么多钱，准备做些什么呢？"她回答："寄2000块钱给妈妈，另2000块钱，我准备辞职，做小生意去。"我笑了，对她说："妈妈的钱暂时别寄，她还能过，也没老；把这个钱存起来，做第二次创业的储备金。"

做生意之前，我让她分析市场，她说她看准了，要去卖库存衣，把过时的衣服卖给外地来京打工的人们。我笑着鼓励她。

一个月后，她血本无归，很茫然地看我。我说："别哭，学会坚强！"去年冬天的时候，她拿出储备金，再一次走上创业之

路。这一次，她卖的是水果，算是有一点儿利润。

之后就是"非典"，萧条的市场让她皱紧了双眉。我又说："分析市场。"她问："怎么分析呢？"我说："非典会弄死一批行业也会兴旺一批行业，此消彼长是大自然的规律，你去想，去看报。"

她很认真地分析了一天一夜，然后决定卖口罩，去人流比较多的地方。五天下来，她赚了2000多块钱，回来向我展示她的骄傲。我笑："五天你本有可能净赚两万的。"她眯起眼睛来看我，像看一个神话。我说："去印名片，带上样品，去敲每一个公司的门；注意质量、信誉、礼貌，自己去推销，有业务了，再花钱请两个送货的人，都要有手机。"二十天后，外甥女说，她赚了六万。

去年八月，外甥女去了南方。临走的时候，她跟我说："大舅，我今年最大的收获不是赚了钱，而是学会了坚强。初来的时候我憎恨您，怪您冷酷，但现在我明白了，您没给我一分钱，但您给了我一生都享用不尽的'坚强'。现在，我已经拥有了最大的资本——坚强! 今后任何一条孤独的路，我都会有信心以最为强悍的姿态走下去。"

那天，外甥女把我请到三里屯酒吧，她用她的泪水将我灌醉了。我知道，她和我一样，都出生在一个苦难的家庭。目送她在车站中的背影，我在心里说：苦难人唯一有价的资本，就是学会坚强!

好在我体重比较重 ▶▶▶

当今社会上的女孩都以瘦为美，殊不知胖也有胖的好处。

以骨感美为至高宗旨的现代女性，哪个会希望自己的体重超标，更不会在几百人面前大言不惭地庆幸自己胖。可偏偏就有这么个傻瓜！

那是一次参加一个大型演讲比赛，因音响故障推至9点半才开赛，而参赛人数多达32个。临抽签了，我向上帝祈祷说千万别让我抽到后面的，因为时近中午，再动听的演讲也不如一碗米饭来得实在。"物质之树根深才能开出精神之花"，这个朴素的真理谁都明白。谁料上帝那会儿准是开小差了，没听到我虔诚至极的祈祷，抽了个32号，最后一个！

我倒吸一口凉气，回到座位上，心里如同十五个吊桶——七上八下，听不清带队老师的劝慰，更听不清选手们的演讲，脑子里一片空白，愈慌愈急便愈想不出对策。

果真如我所料，过了12点，赛场上人群开始骚动，而差不多要过半小时才轮到我演讲。在这可贵的关键时刻，一个念头闪过我的脑海。当主持人宣布"32号选手上场"时，我一扫开始时的沮丧和担心，信心百倍精神抖擞地站了起来。在讲台上站定后，我微笑着用平静的目光环视了一圈赛场，不慌不忙地开口了："今天我是最后一个上场的，好在我体重比较重，希望能压得住这台戏！"

话音刚落，全场一片笑声，随即是热烈的掌声。饥肠辘辘的大家以难得的耐心听完了我为时7分钟的演讲，并难得地一再响起潮水般的掌声。

监狱可能还不够用 ▶▶▶

乐观面对难题，你的大脑就会给你无数个可行的办法。

拿破仑·希尔曾经做过一个这样的试验，他问一群学生："你们有多少人觉得我们可以在30年内废除所有的监狱？"

学员们觉得很不可思议，这可能吗？他们怀疑自己听错了，一阵沉默以后，拿破仑·希尔又重复了一遍："你们有多少人觉得我们可以在30年内废除所有的监狱？"

确认拿破仑·希尔不是在开玩笑以后，马上有人站起来大声反驳："这怎么可以，要是把那些杀人犯、抢劫犯以及强奸犯全部释放，你想想会是多么可怕的后果啊？这个社会别想得到安宁了。无论如何，监狱是必需的。"

其他人也开始七嘴八舌地讨论："我们正常的生活会受到威胁。""有些人天生坏是改不好的。""监狱可能还不够用呢！""天天都有犯罪案件发生！"还有人说"有了监狱，警察和狱卒才有工作做，否则他们都要失业了。"

拿破仑·希尔不为所动，他接着说："你们说了各种不能废除的理由。现在，我们来试着相信可以废除监狱，假设可以废除，我们该怎么做？"

大家勉强地把它当成试验，开始静静地思索，过了一会儿，才有人犹豫地说："成立更多的青年活动中心应该可以减少犯罪事件。"不久，这群在10分钟以前坚持反对意见的人，开始热心地参与了，纷纷提出了自己认为可行的措施。"先消除贫穷，低收入阶层的犯罪率最高。""采取预防犯罪的措施，辨认、开导有犯罪倾向的人""借手术方法来医治某些罪犯。"……最后，总共提出了78种构想。

这个试验说明："当你认为某件事不可能做得到时，你的大脑就会为你找出种种做不到的理由。但是，当你真正相信某一件事确实可以做到，你的大脑就会帮你找出能做到的各种方法。"

励志传承　　拿破仑·希尔的实验很明确地告诉我们，只要我们想做，我们就有可能做成。这个实验指导我们的学习，当你把那些曾经不可能解答的难题设定为自己或许可以解答时，你就会积极乐观地去思考，而经历了思考的过程，获得了很多思考问题的方式。在这种不断的训练中，终有一天，你会发现那些不可能已经变成了可能。

心 转 路 宽 ▶▶▶

绝境中的急转弯，你或许可以看到更宽敞的大道。

当年，克里斯朵夫·李维，是以主演美国大片《超人》而蜚声国际影坛的。然而，1995年5月，正当他在好莱坞红极一时、风光无限之时，一场飞来的横祸改变了他的人生。原来，在一场激烈的马术比赛中，他意外坠落马下，顿时眼前一片黑暗，几乎是转眼之间，这位世人心目中的"超人"和"硬汉"，从此成了一个永远只能固定在轮椅上的高位截瘫者。当他从昏迷中苏醒过来，对家人说出的第一句话就是："让我早日解脱吧。"出院后，为了让他散散心，平息他肉体和精神的伤痛，家人推着轮椅上的他外出旅行。

有一次，小车正穿行在落基山脉蜿蜒曲折的盘山公路上。克里斯朵夫·李维静静地望着窗外，发现每当车子即将行驶到无路的关头，路边都会出现一块交通指示牌："前方转弯！"或"注

意！急转弯！"的警示文字赫然在目。而且拐过每一道弯之后，前方照例又是一片柳暗花明、豁然开朗。

山路弯弯，峰回路转，"前方转弯"几个大字一次次地冲击着他的眼球，也渐渐叩醒了他的心扉：原来，不是路已到了尽头，而是该转弯了。他恍然大悟，冲着妻子大喊一声："我要回去，我还有路要走。"

从此，他以轮椅代步，当起了导演。他首席执导的影片就荣获了金马奖；他还用牙关紧咬着笔，开始了艰难的写作，他的第一部书《依然是我》一问世，就进入了畅销书的排行榜，与此同时，他创立了一所瘫痪病人教育资源中心，并当选为全身瘫痪协会理事长。

他还四处奔走，举办演讲会，为残障人的福利事业筹募善款，成了一个著名的社会活动家。

前不久，美国《时代周刊》以《十年来，他依然是超人》为题报道了克里斯朵夫·李维的事迹。在这篇文章中，他回顾自己的心路历程时说："以前，我一直以为自己只能做一位演员，没想到今生我还能做导演、当作家，并成了一名慈善大使。原来，不幸降临的时候，并不是路已到了尽头，而是在提醒你：你该转弯了。"

"超人"克里斯朵夫虽然已离开了我们，但他良好的心态，绝不向命运屈服的坚毅和顽强，使人们会永远地记住他的名字。

励志传承

　　"超人"克里斯朵夫并没有因为自己的不幸放弃生活，他觉得这是生活给他一个急转弯的机会。虽然他不再以一名演员的身份出现，但他同样也取得了成功。

　　路在脚下，更在心中，心随路转，心路常宽。学会转弯也是人生的智慧，因为挫折往往是转折，危机同时又是转机。

把失败写在背面 ▶▶

这是一双已经萎缩得像鸡爪一样的手，但正是这双手，驾驶着赛车跑出了第一的好成绩。

有一个年轻人，从很小的时候起，他就有一个梦想，希望自己能够成为一名出色的赛车手。他在军队服役的时候，曾开过卡车，这对他熟练操作驾驶技术起到了很大的帮助作用。

退役之后，他选择到一家农场里开车。在工作之余，他仍一直坚持参加一支业余赛车队的技能训练。只要有机会遇到车赛，他都会想尽一切办法参加。因为得不到好的名次，所以他在赛车上的收入几乎为零，这也使得他欠下一笔数目不小的债务。

那一年，他参加了威斯康星州的赛车比赛。当赛程进行到一半多的时候，他的赛车位列第三，他有很大的希望在这次比赛中获得好的名次。

突然，他前面那两辆赛车发生了相撞事故，他迅速地转动赛车的方向盘，试图避开它们。但终究因为车速太快未能成功。他撞到车道旁的墙壁上，赛车在燃烧中停了下来。当他被救出来时，手已经被烧伤，鼻子也不见了。体表烧伤面积达40%。医生给他做了7个小时的手术之后，才使他从死神的手中挣脱出来。

经历了这次事故，尽管他的性命保住了，可他的手萎缩得像鸡爪一样。医生告诉他说："以后，你再也不能开车了。"

然而，他并没有因此而灰心绝望。为了实现那个久远的梦想，他决心再一次为成功而努力。他接受了一系列植皮手术，为了恢复手指的灵活性，每天他都不停地练习用残余部分去抓木条，有时疼得浑身大汗淋漓，而他仍然坚持着。他始终坚信自己的能力。在做完最后一次手术之后，他回到了农场，换用开推土机的办法使自己的手掌重新磨出老茧，并继续练习赛车。

仅仅是在9个月之后，他又重返了赛场！他首先参加了一场公益性的赛车比赛，但没有获胜，因为他的车在中途意外地熄了火。不过，在随后的一次全程200英里的汽车比赛中，他取得了第二名的成绩。

又过了2个月，仍是在上次发生事故的那个赛场上，他满怀信心地驾车驶入赛场。经过一番激烈的角逐，他最终赢得了250英里比赛的冠军。

他，就是美国颇具传奇色彩的伟大赛车手——吉米·哈里波斯。当吉米第一次以冠军的姿态面对热情而疯狂的观众时，他流下了激动的眼泪。一些记者纷纷将他围住，并向他提出一个相同的问题："你在遭受那次沉重的打击之后，是什么力量使你重新振作起来的呢？"

　　此时，吉米手中拿着一张此次比赛的招贴图片，上面是一辆赛车迎着朝阳飞驰。他没有回答，只是微笑着用黑色的水笔在图片的背后写上一句凝重的话：把失败写在背面，我相信自己一定能成功！

励志传承	从梦想建立的那一天开始，哈里波斯就没有停止过对梦想的追逐，即使他被医生判决为再也不能开车，但他只是把失败写在了赛车招贴图片的后面，因为他要给大家看的，是自己驰骋跑道的成功。梦想，需要坚持。

奋斗是件很具体的事 ▶▶▶

一个曾经半句英语都不会的农村穷小子，摇身一变，成为了拥有4家西餐馆的名人，这就是勤奋的神奇之处。

彼德是成都一则为人津津乐道的传奇。原名罗宗华的他，原是四川地地道道的农村小伙子，半句英语也不会，在他的字典里，根本没有"西餐"这个词儿。然而，在短短10年间，他居然脱胎换骨地变成了另一个人。如今他说得一口流畅的美式英语，在成都和北京开了4家西餐馆，顾客80%是外国人。在洋人的圈子里，他的名气响当当。

彼德出生于四川资阳，家里务农，自小便帮父母干粗活。他的父母日做夜做，却依然还是村里最大的穷户，彼德读到初一便辍学了。

他很想脱离贫穷的困境，于是努力学习编竹筐，如愿以偿地成了一个编筐匠。随着收入的增加，全家人都开始加入了编竹筐

的阵容里。

"编好的竹筐送去卖，卖光了，还要走一段长长的山路，买竹子来编。"竹子很长，山路很弯，扛着竹子走十分吃力，一不小心失去平衡，便会连人带竹摔进山沟里，跌得头破血流。

编竹筐太辛苦了，他不要一辈子当编筐匠，于是尝试与父亲沟通，寻找其他的营生。然而，一次又一次的沟通，换来的却是一回又一回毫不理解的打骂。十六岁那年，在和父亲又一次剧烈争吵之后，他决定离开农村，到城里去谋生。他向邻居借了二十元当路费，风尘仆仆地来到了成都。

那一年，是1996年。

1996年，彼德这个土里土气的小伙子，站在位于成都九眼桥的劳务市场里，满心憧憬地等人来雇。他的第一份工作是到一家小餐馆洗碗,从早上7点开始把手浸在洗碗水里,一直做到半夜12点才休息。

1997年,他跳槽到一家小西餐馆去当厨工,改变他整个人生的关键人物出现了,她就是玛丽。玛丽是美国人,一连几天光顾彼德任职的这家西餐馆,但却觉得食物很不地道。她向西餐馆老板毛遂自荐,表示可以给厨师和员工进行免费的厨艺训练。彼德抢先报名,和餐馆另外两位厨师一起每天到玛丽家学习。

彼德学做的第一道西式点心是苹果派,他从中得到的最大心得便是:凡事都得认真,丝毫马虎不得。从原料的选择到烘焙的温度,都得小心应付,一招不慎,全盘皆输。在玛丽家足足学了三个月,彼德不但掌握了许多烹饪原理和方法,原本一窍不通的英文也大有进步。每次去上课,他总是抱着一部厚厚的字典,把菜谱上的英文单词一个一个地翻译出来,猛学苦记,回家后再细细消化。

玛丽为他不懈的学习热忱和刻苦的学习精神感动了,知道他不是个蜻蜓点水的"过客",而是准备认认真真地在烹饪界当个"长驻军"的,于是,主动表示愿意资助他继续学习。在1999年,彼德选择了一家烹饪专科学校学习,开始系统地学习西餐的烹制技巧。

2000年,他受聘到一家西餐馆担任厨师,不久后便因为工作表现优异而升任主厨。由于厨艺出色,又善于变换花样,许多人慕名而来,餐馆日日客满。这时,彼德人生的小舟已驶进了一个温暖的港湾,然而,真正的挑战还没有开始。

2003年,他的第一个梦想实现了。他拿出全部积蓄,加上朋友的投资，在成都开设了第一家充满南美风情的西餐馆，由玛丽担任顾问。彼德把"努力不懈"当作终生遵守的"座右铭"。尽管目前已经拥有4家餐馆了，可是，在成都和北京之间来回穿梭的彼德，又有了新的梦想，他希望"彼德西餐馆"能成为中国的连锁西餐馆。

奋斗，不是空洞的口号，而真的是件很具体的事情。踏实地去做能做的事，哪怕只是编筐洗碗，走好脚下的每一步，才能有往更高处走的可能。

励志传承

对于彼得来说，作为一个穷山沟里的穷小子，也许他自己从来没有设想有一天成为一个拥有4家西餐连锁店的传奇人物。他所想的只是走出农家，他所做的，只是踏踏实实、勤勤恳恳地走好脚下每一步。机会总是垂青有梦想并为之努力的人们，所以彼德成功了。

尽力而为还不够 ▶▶▶

尽力而为，算是努力；竭尽全力，才算是真正的勤奋。

在美国西雅图的一所著名教堂里，有一位德高望重的牧师——戴尔·泰勒。有一天，他向教会学校的一个班的学生们讲了下面这个故事。

那年冬天，猎人带着猎狗去打猎。猎人一枪击中了一只兔子的后腿，受伤的兔子拼命地逃生，猎狗在其后穷追不舍。可是追了一阵子，兔子跑得越来越远了。猎狗知道实在是追不上了，只好悻悻地回到猎人身边。猎人气急败坏地说："你真没用，连一只受伤的兔子都追不到！"

猎狗听了很不服气地为自己辩解道："可是我已经尽力而为了呀！"

再说兔子带着枪伤，但是成功地逃生回家了，兄弟们都围过来惊讶地问它："那只猎狗很凶呀，你又受了伤，是怎么甩掉它

的呢？"

　　兔子说："它是尽力而为，我是竭尽全力呀！它没追上我，最多挨一顿骂，而我若不竭尽全力地跑，可就没命了呀！"

　　泰勒牧师讲完故事之后，又向全班郑重其事地承诺：谁要是能背出《圣经·马太福音》中第五章到第七章的全部内容，他就邀请谁去西雅图的"太空针"高塔餐厅参加免费聚餐会。

　　《圣经·马太福音》中第五章到第七章的全部内容有几万字，而且不押韵，要背诵其全文无疑有相当大的难度。尽管参加免费聚餐会是许多学生梦寐以求的事情，但是几乎所有的人都浅尝辄止，望而却步了。

　　几天后，班中一个11岁的男孩，胸有成竹地站在泰勒牧师的面前，从头到尾地按要求背诵下来，竟然一字不漏，没出一点差

错，而且到了最后，简直成了声情并茂的朗诵。

泰勒牧师比别人更清楚，就是在成年的信徒中，能背诵这些篇幅的人也是罕见的，何况是一个孩子。泰勒牧师在赞叹男孩那惊人记忆力的同时，不禁好奇地问："你为什么能背下这么长的文字呢？"

这个男孩不假思索地回答道："我竭尽全力。"

十六年后，这个男孩成了世界著名软件公司的老板。他就是比尔·盖茨。

泰勒牧师讲的故事和比尔·盖茨的成功背诵对人很有启示：每个人都有极大的潜能。正如心理学家所指出的，一般人的潜能只开发了2%—8%左右，像爱因斯坦那样伟大的大科学家，也只开发了12%左右。一个人如果开发了50%的潜能，就可以背诵

147

400本教科书，可以学完十几所大学的课程，还可以掌握二十来种不同国家的语言。这就是说，我们还有90％的潜能还处于沉睡状态。

谁要想出类拔萃、创造奇迹，仅仅做到尽力而为还远远不够，必须竭尽全力才行。

励志传承

无论是逃跑的兔子，还是比尔·盖茨，都是做到了竭尽全力去完成一件事，而不是浅尝辄止。

成长的过程，就是一个坚持勤奋努力的过程，任何一个小小的放弃和松懈，都会让你落于人后。你今天比别人少记一个单词，最后你就可能比别人少一个优势。对任何一件事都竭尽全力，才能够让自己脚下的每一步都坚实深刻。

汗水浇灌出天才 ▶▶▶

任何一个神童要想成为天才，都必须用汗水来浇灌。

在 1982年，郎朗出生在沈阳的一个充满音乐氛围的家庭。祖父曾经是位音乐教师，父亲郎国任是文艺兵，在部队里做过专业二胡演员，退役后进入沈阳市公安局工作。

在家庭环境的影响下，郎朗很小就对音乐产生了浓厚兴趣，尤其在父母为他买了一架国产的立式钢琴以后。

刚刚看到父母买的钢琴，郎朗就觉得它不只是一件大玩具，因为它还能发出美妙、奇特的声音。一天，电视机里正在播放电视连续剧《西游记》，听到蒋大为演唱的《敢问路在何方》时，郎朗心里充满激情，立即沉浸到音乐之中。歌唱完了，但那奔放的旋律还在心头萦绕，于是，郎朗不知不觉地在钢琴上弹了起来。说来也怪，虽然没有学过音乐，歌也只听了一遍，郎朗却几乎把这首歌的大部分旋律都弹了出来，真是无师自通的小神童！

爸爸妈妈非常高兴，决定送儿子去学钢琴。

刚刚3岁，爸爸带郎朗去学钢琴，每次学习一两个小时，却不觉得累，非常喜欢学。爸爸发现郎朗不仅有音乐天赋，还很能吃苦。

郎朗4岁那年，爸爸带着他拜见了沈阳音乐学院的朱雅芬教授。当郎朗坐在钢琴前弹起曲子时，朱教授非常惊讶，这么小的孩子，就能把曲子弹得这么感人！看来，这个孩子的心里有一定的音乐分子，不，应该说，他的全身都充满了音乐！朱教授越听越感动，就对郎朗的爸爸说："这是一个很有天分的孩子，生来就是为了弹钢琴的！我一定好好教他。"

练琴时，郎朗每隔一段时间，他都给自己定下新的目标。谁弹得更好，他就会记住他的名字，发誓超越。在超越他人的同时，琴技提高了，把琴练好的信心也越来越足。

从郎朗学琴的那天起，爸爸就设计、安排了时间表，以取得更好的学习效果。爸爸还把整个客厅都腾出来，供郎朗练琴。

一次，郎朗的小学班主任冯宁老师前来家访时发现，郎朗家的小屋里有一张小桌子，上面放着一台小电视机，外面套着一个电视机罩，罩上摆着一个花瓶，瓶里插着假花。看来，这台电视机大概很少开过。屋里的床不大，最多只能睡两个人。可是，宽敞的大客厅里却放着钢琴，全归郎朗一个人使用。这么说，平时他们一家人就是挤在那张床上睡觉呀！冯宁老师走到钢琴旁，发现钢琴上面还有一盏小灯。原来，郎朗每天放学后，都需要练习到很晚。郎朗的爸爸说："冯老师，你猜我最大的愿望是什么？"冯老师说："是什么？"爸爸说："让我的儿子成为世界著名的钢琴家！"

在全家人的支持下，郎朗渐渐养成了每天必弹钢琴的好习惯。每天清晨，只要郎朗的琴声一响，邻居就知道该起床上班了，不然就要迟到了。

有一次，郎朗前一天晚上就跟着父母去了舅妈家。晚饭后，郎朗和舅妈家的几个孩子正玩得开心，爸爸突然对郎朗说："不行，你得练琴了！"舅妈为难地说："哎，我哪儿有琴啊？"爸爸说："就让郎朗在地板上练习指法吧。"于是，郎朗就在地板上敲了起来。

十岁那年，他以第一名的成绩考入了中央音乐学院附小。郎朗每天要完成8个小时的训练，渐渐的，他可以熟练地弹奏难度很高的柴科夫斯基第一钢琴协奏曲，还能演奏拉赫玛尼诺夫的第三钢琴协奏曲。就连后来著名指挥家马泽尔都感到惊讶："郎朗的钢琴基础在哪里打下的？"有人告诉他说："郎朗是在中国学的。"马泽尔表示难以置信。

励志传承

很多人将朗朗当作自己的偶像，就连很多家长也在"朗朗旋风"的席卷下将孩子送入了各种钢琴培训班。但疯狂的人们和苦心的家长，有没有看到朗朗是付出怎样的艰辛才获得今日的辉煌的呢？成才的过程，需要你小小的天分，需要你真诚的喜爱，更需要你的勤奋努力和吃苦耐劳的精神。

学 无 止 境 ▶▶▶

放弃自己的名利，重新开始学习，八十一岁的金庸用行动告诉我们：求知的路，没有尽头。

有句话是："不为学位，只为学问"。2005年国庆前夕，一个消息震动了香港，八十一岁的金庸要去英国的剑桥大学攻读博士。大家不解，早已功成名就且已到耄耋之年的金大侠有必要去英国读博士吗？

金庸的求学缘起2005年初，剑桥大学的校长理查德女士阅读了金庸写的《鹿鼎记》英译本，赞叹不已。时任名誉文学博士学位推荐委员会主席的她，向剑桥大学教授会推荐提名金庸授予其荣誉文学博士称号。根据规定，全校三十多个学院的数万名博士硕士，只要有8人反对，提名就宣布无效。没想到，推荐金庸的消息公布三个月后，竟无一人反对，顺利通过。

2005年4月5日，理查德女士亲自前往香港宣布此消息，朋友们纷纷祝贺金庸获得如此难得的殊荣，金庸却轻松自嘲道："没有人反对，大概是因为大家都不认识我吧！"

来自剑桥大学的这份殊荣勾起了金庸对幼年一句誓言的回忆。原来，金庸的表哥徐志摩曾在剑桥大学学习过，那时金庸只有8岁，父母常拿表哥作为激励金庸的榜样。金庸对父亲说："我长大后也要去剑桥读书！"然而没想到，金庸在上海读大学时正巧赶上内战，连个大学毕业证都没拿到。成名之后的金庸一直渴望能真正地读一次大学，做一回学问。是夜，金庸辗转难眠，他决定完成萦绕于心的"剑桥"情结。

第二天，金庸便来到理查德女士下榻处，向她提出申请，请求到剑桥大学攻读，以完成博士课程。理查德女士非常惊讶，她对金庸说："金先生，要知道您获得的这个荣誉博士，已经是博士中的最高荣誉了。您完全没有必要再去读一个普通的博士学位。"哪知金庸态度非常坚决地说："理查德女士，我到剑桥求学并非为了学位，而是感到自己的学问不够，很想和剑桥的教授们切磋学习。"看到眼前这位目光灼灼的81岁老人，理查德女士甚为感动地接受了他的入学申请。

没想到的是，剑桥大学的入学程序非常严格，金庸在办理入学的过程中遇到了不少困难，其中最困难的是找指导老师。金庸写的武侠小说将历史事件、人物信手拈来，处处可见他渊博的历史知识。他在中外学界名头之响，剑桥大学的教授们也有所耳闻，纷纷推说不敢当他的指导老师。没有指导老师，这可难坏了金庸，这时一个朋友给他出了个主意："不如找个不认识的教授试试看！"金庸眼睛顿时亮了，经朋友介绍，他找到了剑桥大学

一位叫麦大卫的教授，这个麦教授是唐史专家，他不认识金庸，因此当金庸请他当自己的博士指导老师时，他欣然答应了。

2005年6月22日，经过近两个月的奔波，金庸终于如愿以偿地注册成为剑桥的学生。他辞去了浙江大学文学院院长的职位，从绚烂归于平静，八十一岁的他开始了学生生涯。

"我也是一名学生，应该和别人一样才对。"

金庸在剑桥第一学期的课并不多，每周上两次课。虽然已经八十一岁高龄，但他从不缺课。在上学的时候，金庸俨然一个地道的学生，每天清晨他会起得早早的，把一天学习所需要的课本和资料整理好，整齐地放进书包里。像小学生上学那样，斜背着书包，衣着整齐地走出家门。对于老师布置的作业，他都一丝不苟地完成。

上学的第一天令金庸很难忘。那天他走进校园时，正巧是课间休息时间。他以前对剑桥的印象是宁静，充满了诗情画意。但此时的剑桥校园展现给他的却是另一番景象，整个学校像"大搬家"一般沸腾起来。原来，由于剑桥校园非常大，而学生们学习的科目也很庞杂，一个课堂与另一个课堂往往相隔很远，尽管课间有20分钟的休息时间，但假如步行根本赶不上下一次课，自行车是每个剑桥学生必备的生活用品。站在自行车的洪流中，金庸情不自禁地热血沸腾起来。

他在校园里经常被金庸迷认出，蜂拥上去请他为他们签名。还要合影留念。金庸都微笑着一一婉言拒绝："现在是上课时间，我是个学生，我不给你们签名。不过，在我散步或者喝咖啡的时候，可以给你们签名。"就这样，他在剑桥大学交了不少年轻的朋友。

说起喝咖啡，那是金庸觉得最惬意的时光。剑桥大学有一种良好的学术氛围，下课后，还经常组织学生在大学附近的咖啡吧里开展学术讨论。金庸常约他的指导老师麦先生到咖啡吧讨论学问，麦先生是地道的"中国通"，不仅普通话说得好，尤其精通中国的历史。他也很赏识金庸的学识与人品，经过一段时间的接触，两人成了好朋友。

麦先生每周都会骑自行车来家里看望金庸，为他开"小灶"。有一次，麦教授上课时请大家完成古文句读，即给古文打标点，包括韩国学生在内的外国学生对深奥的古文已经感到很难懂，点句读自然就更感困难。有些学生向教授求助，教授就让他们去问金庸，教授指着金庸说："他可以当你们的半个老师。"每到这个时候，金庸就露出孩童似的笑容，为同学指点起来。

2007年5月，经过两年的学习，金庸取得了硕士学位，开始继续攻读博士学位。在回香港探亲时，金庸接受了记者访问，当记者问他在剑桥读到了什么好书时，金庸笑道："有没有读到好书并不重要，重要的是学到了英国与中国完全不同的研究学问的方式。"

励志传承

八十一岁的金庸，重新走进大学校园，开始了自己的求知之路，是他儿时梦想的追逐，更是表达了他对待学习的态度。在他的认知中，求知的路是没有尽头的，即使自己已经拥有许多，但他依然需要学习。同时，他在剑桥大学中的学习态度也让我们看到了一个真正的求知者，是怎样对待学习的机会的。

个人活动：制作彩色的蜡烛

【活动主题】制作彩色的蜡烛

【活动目的】锻炼小学生的动手能力。

【活动准备】罐装饮料桶1个（1.25升容量），彩色蜡笔，蜡烛，美工刀，剪刀，容器模型。

【活动流程】

1. 把罐装饮料桶用美工刀剪去盖子的部分，然后把蜡烛削成小碎块，放进饮料罐中。

2. 把饮料罐放入温度很高的热水中，然后用力搅拌里面的小蜡块，让蜡块全部熔化。

3. 把熔化的蜡液倒入准备好的容器模型中，不要倒得太多哦。

4. 在倒入蜡烛溶液之前，一定要先放好蜡烛芯，烛芯可以是彩色的棉线。

5. 过一段时间，等第一次的蜡液冷却下来，依照上面的方法把剩余的彩色蜡液倒入其中。这样把不同颜色的蜡液一层层加上去，反复动作，好看的彩色蜡烛就做成了。

制作小提示：在选择盛放蜡烛溶液的容器模型时，你可以按照自己的爱好做成不同的造型，或者是小动物，或者是平面图案。

手抄报：知礼明责，勇于担当

【手抄报主题】知礼明责，勇于担当

【手抄报内容】

1. 文明上网，三不三要

 (1) 三不：

  ① 不上社会网吧。

  ② 不做网上闲聊等无意义的游戏。

  ③ 不长时间沉迷网络。

 (2) 三要：

  ① 要在家长指导下上网。

  ② 要在网上进行有意义的研究性学习。

  ③ 要积极参加学校组织的网络活动。

2. 文明守纪，以礼待人，服装整洁，心灵光明；

  热爱班级，热爱学校，为之争光，是我责任；

  知错改错，才能进步，集体之事，当仁不让；

  知礼明责，勇于担当，我是文明中国人！

3. 作为小学生，我们应该认真学习《小学生日常行为规范》，树立现代文明意识，争做文明人；从身边小事做起，养成良好的文明行为习惯；鄙视各种不文明行为，增强文明举止的自觉性，使自己成为一个和谐发展的人。

4. 亲爱的同学们，我们是新时代的小主人，让我们肩负起 崇高的历史责任感和使命感，携手努力，从现在做起，从身边的小事做起，讲文明，重礼仪，树新风，以满腔的热忱，推动社会文明的进步！以百倍的努力，去建设祖国更加美好的未来。

5. 如何才能对家庭负责?

　　父母的爱是博大无私的，长大后应该负起对父母的赡养扶助的义务，但现阶段切实能做的就是做好自己该做的事，无论是学习上和生活上都努力做到不让父母操心和担心，负起自己的责任，对父母就是一种回报。

6. 如何才能对自己负责?

　　第一是自理，即自己管好、料理好自己，不要依赖别人；第二是自尊，即自己尊重自己；第三是自爱，即爱惜自己的名誉，珍惜自己的生命，爱护自己的身体，保护好自己；第四是自信，即自己相信自己，相信自己的能力，相信"天生我才必有用"。

7. 如何才能对他人和集体负责?

　　在一个班集体中，不只有班委才领导班级，大家都是集体的主人，每一个班级成员应当自觉承担起自己的一份责任和义务，显示自己在一个集体中存在的价值。通过班级的琐碎事务，让别人了解你、承认你、接纳你和信任你。这样的集体才能显示出团结友爱、朝气蓬勃的精神面貌，才能为自己提供良好的学习和生活的环境。